SOMMARIO

WhatsApp Web

Invia foto, video, documenti e contatti:

usa emoji, GIF e adesivi:aggiungi a Speciali

rispondi, inoltra,ed elimina messaggi:

cerca messaggi:

aggiornamenti di stato:

modifica impostazioni di notifica:

contatti bloccati:

PROCESSO DI INSTALLAZIONE

COME OTTENGO WHATSAPP SUL MIO TELEFONO?

WhatsApp non è preinstallato nel telefono, quindi la prima cosa che devi fare è installarlo. Per fare questo devi trovare l'App Store (per iPhone) o Play Store (per smartphone Android), un mercato di applicazioni che aiutano a migliorare il tuo smartphone. Immagina un centro commerciale o un supermercato dove puoi acquistare qualsiasi cosa, dal cibo all'elettronica. Il centro commerciale in questo caso è l'App Store o il Play Store ei prodotti che acquisti sono le applicazioni.

iPhone:
sul tuo iPhone trova l'icona dell'App Store sul tuo telefono. Non devi preoccuparti di installare l'App Store poiché è preinstallato sul tuo telefono. Una volta trovata l'icona, fare clic sull'icona per aprirla. Nell'App Store fai clic sul pulsante Cerca nella parte inferiore dello schermo con il logo della lente di ingrandimento. Digita WhatsApp e seleziona WhatsApp Messenger dall'elenco seguente. Fare clic sul pulsante di download (una nuvola con una freccia rivolta verso il basso). Ti potrebbe essere chiesto di accedere al tuo ID Apple e voilà WhatsApp è stato scaricato e installato sul tuo iPhone !! Congratulazioni!

Android:

sul tuo smartphone Android trova l'app Play Store preinstallata sul tuo telefono. Nell'app Play Store, fai clic sulla casella di Google Play nella parte superiore dello schermo per cercare un'app.

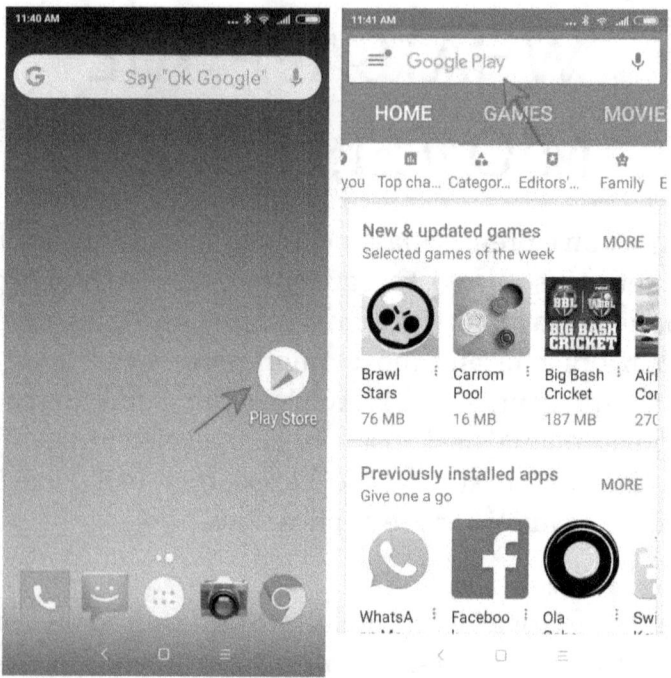

Digita WhatsApp nella casella e seleziona WhatsApp Messenger come mostrato di seguito. Fai clic sul pulsante di installazione e sul seguente pulsante di accettazione e voilà WhatsApp è stato scaricato e installato sul tuo telefono Android !! Congratulazioni!

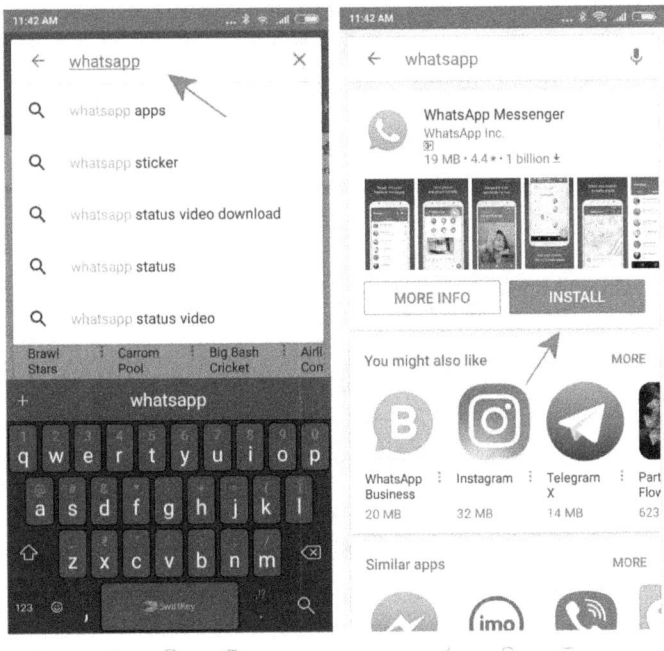

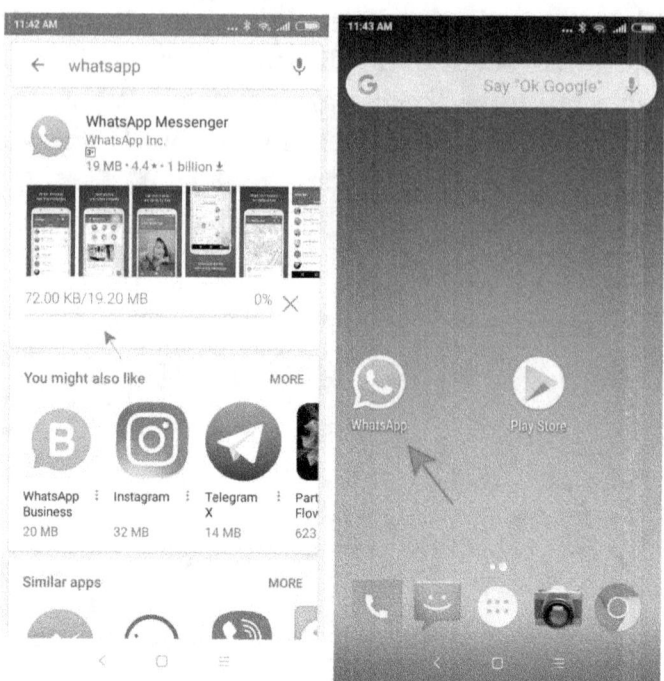

Phew! Ora che ho installato WhatsApp sul mio telefono, posso iniziare a inviare messaggi e chiamare i miei amici adesso?

Tieni i tuoi cavalli amico mio! Mancano pochi minuti per entrare nel mondo di WhatsApp. Tutto quello che dobbiamo fare ora è impostare WhatsApp e siamo a posto. Quindi andiamo a questo!

CONFIGURAZIONE DI WHATSAPP PER

iPhone:

trova l'app WhatsApp sul tuo iPhone proprio come hai trovato l'app App Store e fai clic su di essa per avviare il processo di configurazione.

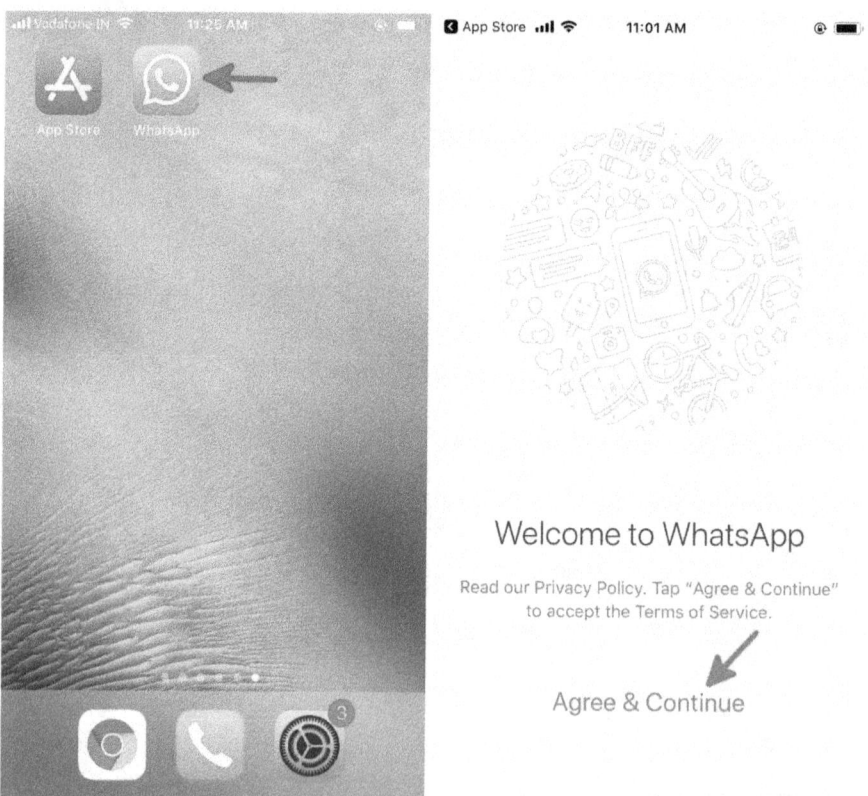

Il primo passo della configurazione è inserire il tuo numero di telefono. Seleziona il tuo paese e digita il numero di telefono nella casella. WhatsApp chiederà il permesso di inviarti un messaggio di testo per verificare il numero di cellulare che hai inserito. Premi accetta e inserisci il codice di verifica che ricevi via SMS su WhatsApp. Se non ricevi il codice, nella pagina di verifica è presente un pulsante per inviare nuovamente il codice. Una volta inserito il codice, premere il pulsante Verifica.

Congratulazioni, hai verificato con successo il tuo numero di telefono e hai impedito agli hacker sporchi di entrare nei tuoi preziosi messaggi!

* Passaggio aggiuntivo per le persone che reinstallano WhatsApp o installano da un altro telefono
È possibile ripristinare messaggi, foto e video dall'ultimo backup eseguito da WhatsApp. Seleziona il pulsante di ripristino. Questa opzione ti verrà mostrata solo se hai un backup di WhatsApp precedentemente eseguito e archiviato nel tuo account.

Ora arriva l'ultimo passaggio della configurazione. È necessario selezionare un'immagine da visualizzare e un nome da visualizzare. Questa è l'immagine che i tuoi amici e familiari vedranno quando chattano con te. Il nome visualizzato viene utilizzato per identificarti se la persona che sta chattando con te non ha il tuo numero di telefono salvato sul proprio telefono.

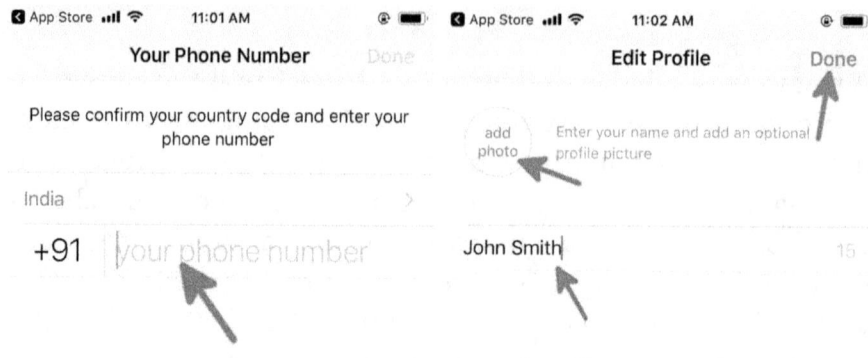

Android:

trova l'app WhatsApp sul tuo iPhone proprio come hai trovato l'app App Store e fai clic su di essa per avviare il processo di configurazione.

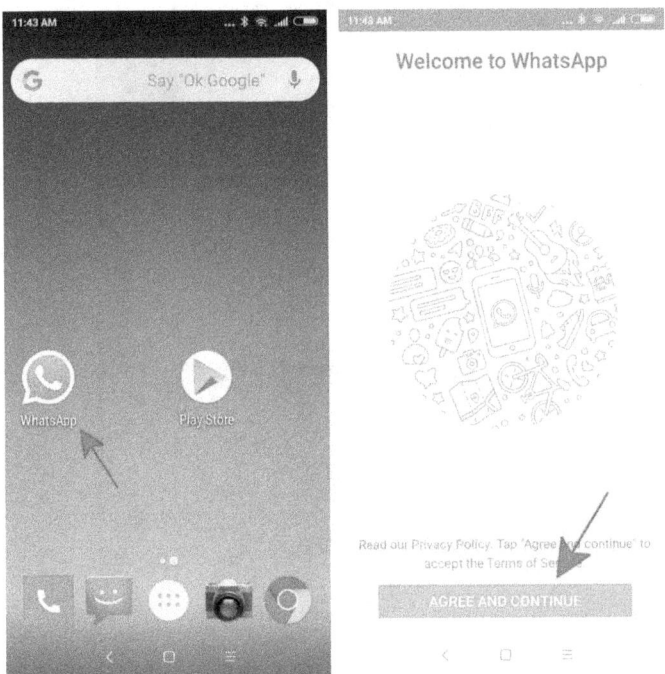

WhatsApp chiederà prima il permesso di accedere ai tuoi contatti, video e foto che ti aiuteranno ad aggiungere contatti e inviare facilmente foto e video.

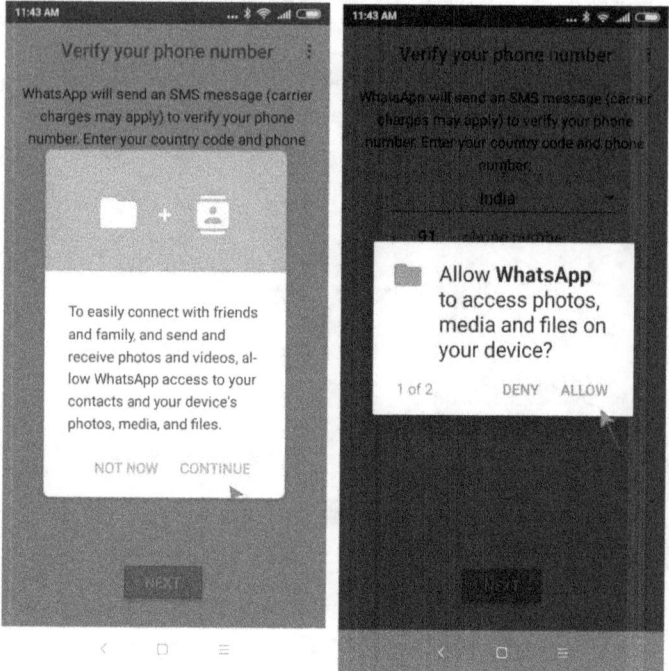

Il primo passo della configurazione è inserire il tuo numero di telefono. Seleziona il tuo paese e digita il numero di telefono nella casella. WhatsApp chiederà il permesso di inviarti un messaggio di testo per verificare il numero di cellulare che hai inserito. Premi accetta e inserisci il codice di verifica che ricevi via SMS su WhatsApp. Se non ricevi il codice, nella pagina di verifica è presente un pulsante per inviare nuovamente il codice. Una volta inserito il codice, premere il pulsante Verifica.

Puoi ripristinare messaggi, foto e video dall'ultimo backup eseguito da WhatsApp. Seleziona il pulsante di ripristino. Questa opzione ti verrà mostrata solo se hai un backup di WhatsApp precedentemente eseguito e archiviato nel tuo account.

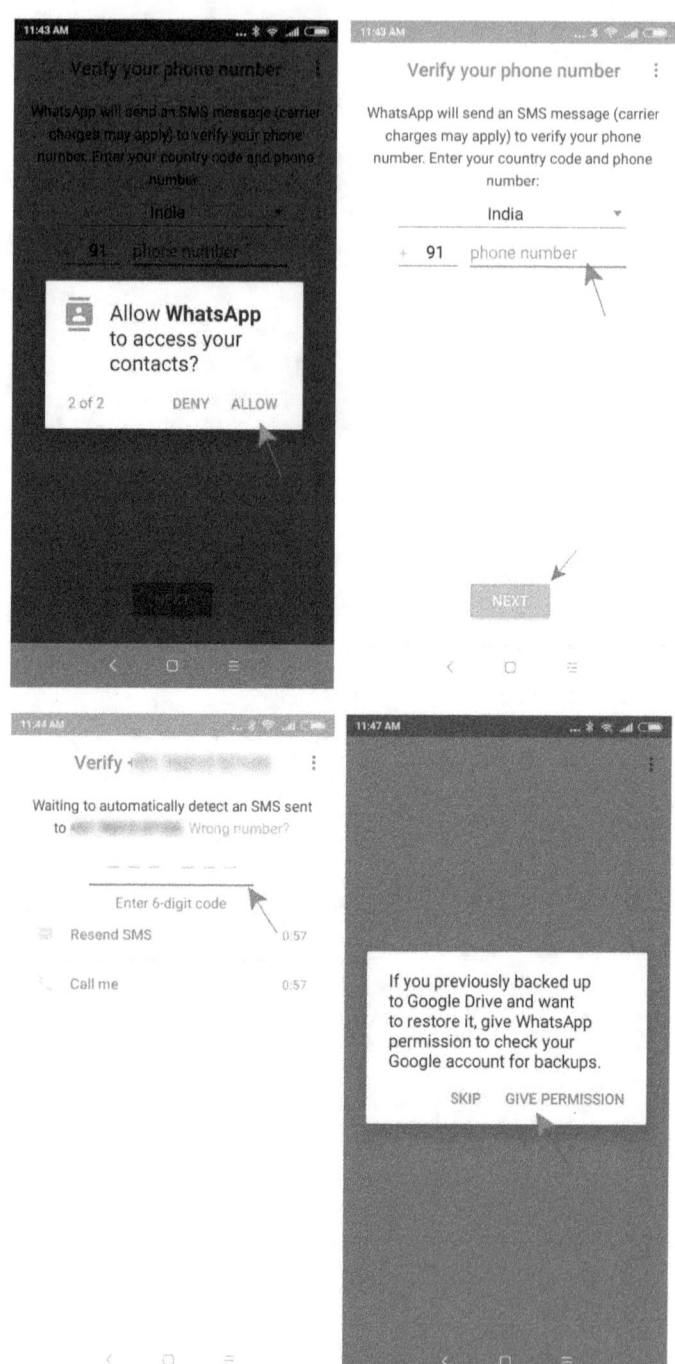

Congratulazioni, hai verificato con successo il tuo numero di

telefono e hai impedito agli hacker sporchi di entrare nei tuoi preziosi messaggi!

Ora arriva l'ultimo passaggio della configurazione. È necessario selezionare un'immagine da visualizzare e un nome da visualizzare. Questa è l'immagine che i tuoi amici e familiari vedranno quando chattano con te. Il nome visualizzato viene utilizzato per identificarti se la persona che sta chattando con te non ha il tuo numero di telefono salvato sul proprio telefono.

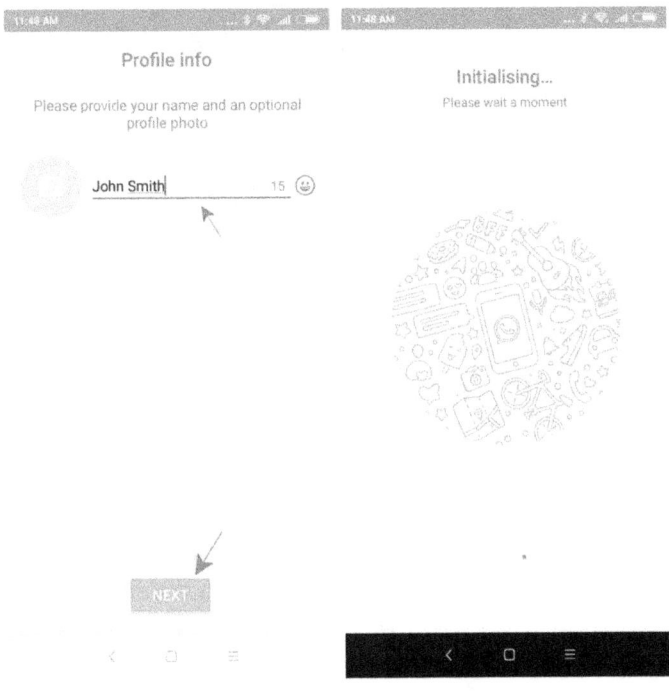

Yaay! Ben fatto, hai installato e configurato WhatsApp con successo!

AGGIUNTA DI CONTATTI

Come si aggiungono i numeri di cellulare di amici e familiari a WhatsApp?

È molto semplice. Se hai i numeri di amici e familiari salvati nei Contatti del tuo telefono, verranno automaticamente visualizzati in WhatsApp. Se non vedi il loro nome, non preoccuparti, aggiungeremo i contatti in seguito.

iPhone:

tutti i contatti sul tuo iPhone vengono aggiunti automaticamente a WhatsApp. Per aggiungere un nuovo contatto a WhatsApp è necessario fare clic sul pulsante "Nuovo contatto" in WhatsApp come mostrato di seguito. Questo ti porterà all'app di contatto del tuo iPhone dove puoi salvare le informazioni di contatto. Una volta fatto, vedrai il tuo nuovo contatto nell'elenco dei contatti di WhatsApp. È quindi possibile selezionare il contatto e iniziare a inviare messaggi con loro.

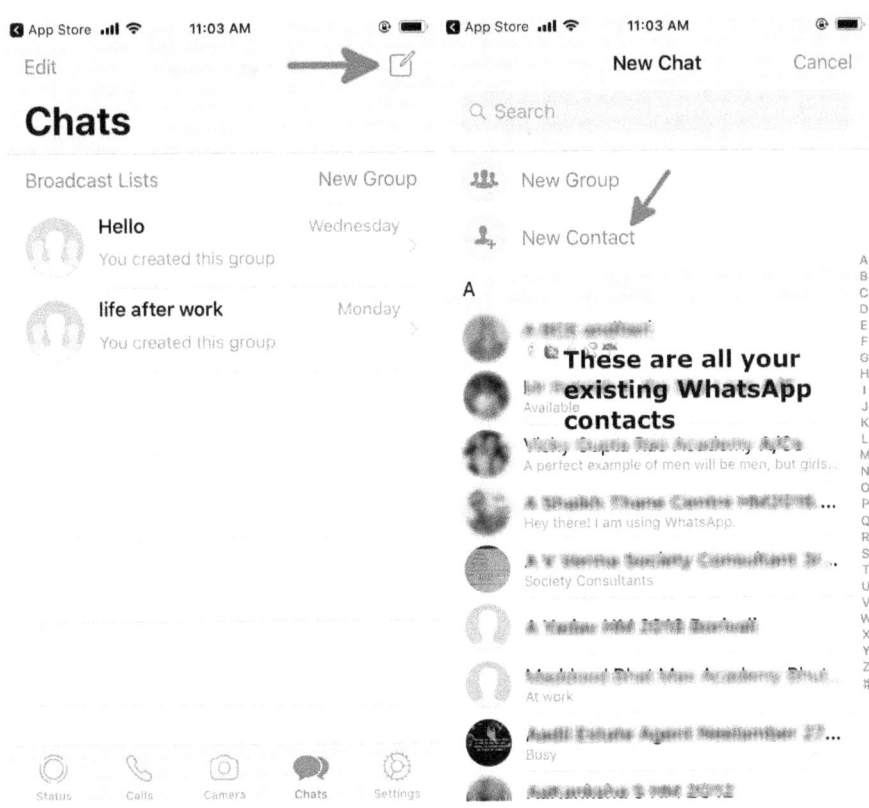

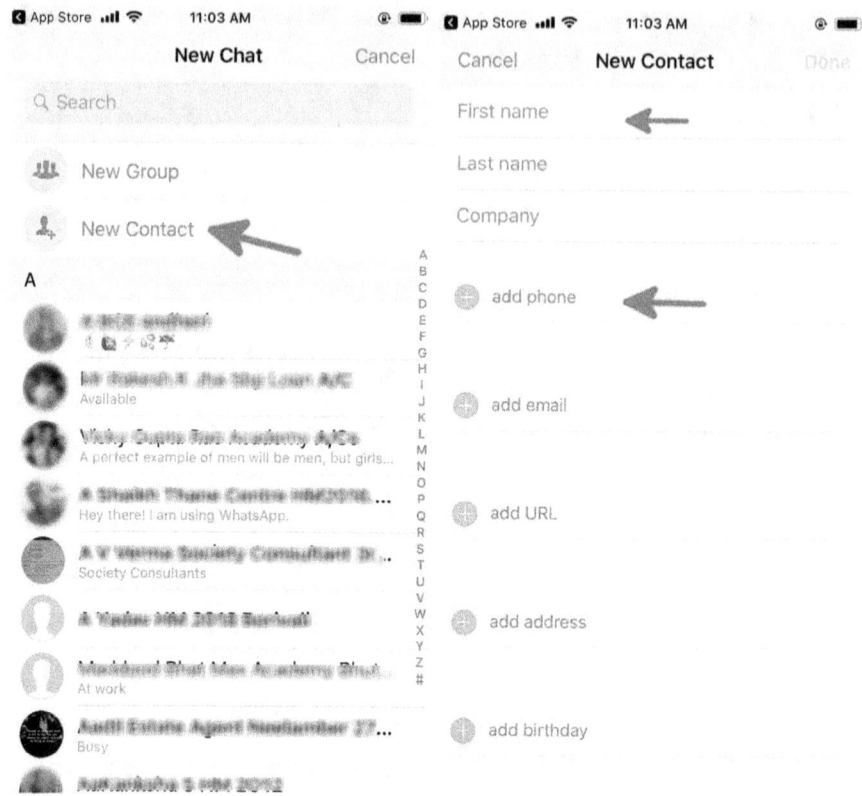

Android:

tutti i contatti sul tuo smartphone Android vengono aggiunti automaticamente a WhatsApp. Per aggiungere un nuovo contatto a WhatsApp è necessario fare clic sul pulsante "Nuovo contatto" in WhatsApp come mostrato di seguito. Questo ti porterà all'app di contatto del tuo smartphone dove puoi salvare le informazioni di contatto. Una volta fatto, vedrai il tuo nuovo contatto nell'elenco dei contatti di WhatsApp. È quindi possibile selezionare il contatto e iniziare a inviare messaggi con loro.

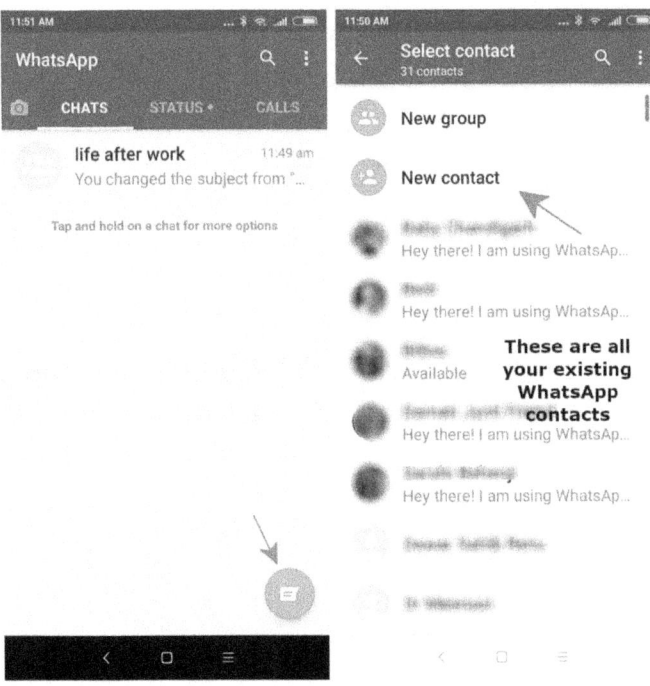

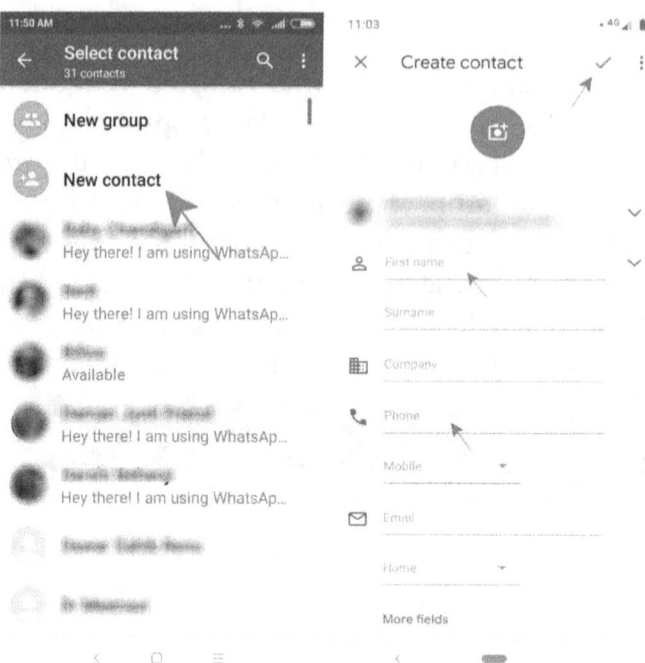

Ben fatto, hai appena aggiunto il contatto del tuo amico a WhatsApp. Ora puoi iniziare a inviare messaggi a tutti i tuoi amici e familiari!

MESSAGGI WHATSAPP

COME INVIO UN MESSAGGIO WHATSAPP?

L'invio di un messaggio WhatsApp è facile. Sul tuo iPhone o telefono Android fai clic sul logo di WhatsApp per entrare nell'app. Qui fai clic sul contatto a cui desideri inviare il messaggio e fai clic sulla casella bianca per aprire la tastiera. Qui puoi digitare il tuo messaggio e premere la freccia verde per inviare il messaggio al tuo amico.

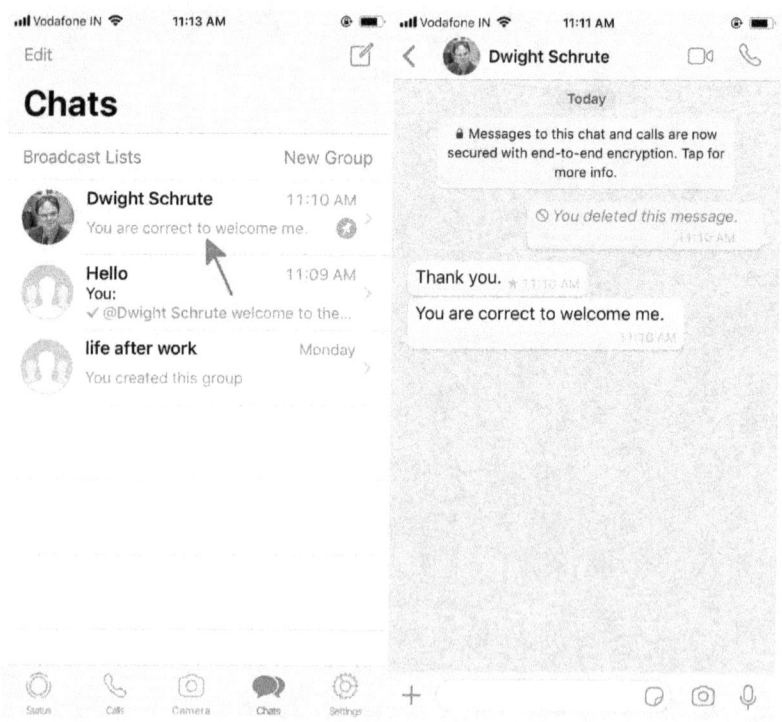

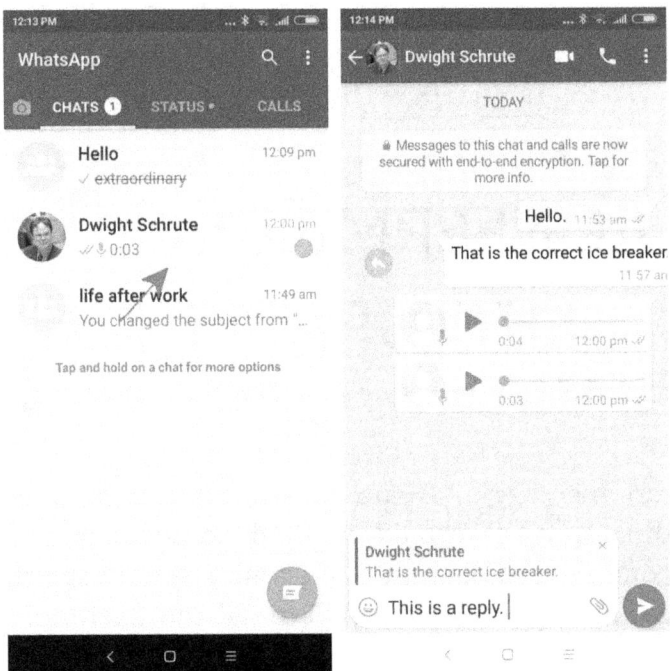

CONFERME DI LETTURA

Come faccio a sapere se il mio amico ha letto il mio messaggio o no?

Quando invii un messaggio, il tuo messaggio mostrerà un piccolo segno di spunta accanto ad esso e dopo pochi secondi apparirà un secondo segno di spunta. Il primo segno di spunta indica che il tuo messaggio è stato inviato dal tuo telefono. Il secondo segno di spunta indica che il tuo contatto ha ricevuto il tuo messaggio. Quando il tuo amico legge il messaggio le zecche diventano blu.

Sul tuo iPhone puoi scoprire l'ora in cui hai inviato il messaggio, l'ora in cui il tuo amico ha ricevuto il messaggio e l'ora in cui il tuo amico ha ricevuto il messaggio tenendo premuto il messaggio per cui hai bisogno di queste informazioni. Dal menu che si apre fare clic sul pulsante con la lettera i all'interno di un cerchio. Questo ti porterà alla pagina delle informazioni sul messaggio dove puoi vedere quando il tuo messaggio è stato inviato, quando il messaggio è stato ricevuto e quando il tuo amico ha letto il tuo messaggio.

Sul tuo telefono Android tieni premuto il messaggio per il quale desideri informazioni. Dopo aver evidenziato il messaggio, una riga verde appare nella parte superiore dello schermo insieme a un menu a 3 pulsanti in alto a destra dello schermo. Fare clic sul menu a 3 pulsanti in alto a destra dello schermo e fare clic su "informazioni". alla schermata dove puoi vedere l'ora in cui il messaggio è stato inviato, l'ora in cui è stato ricevuto e l'ora in

cui il messaggio è stato letto.

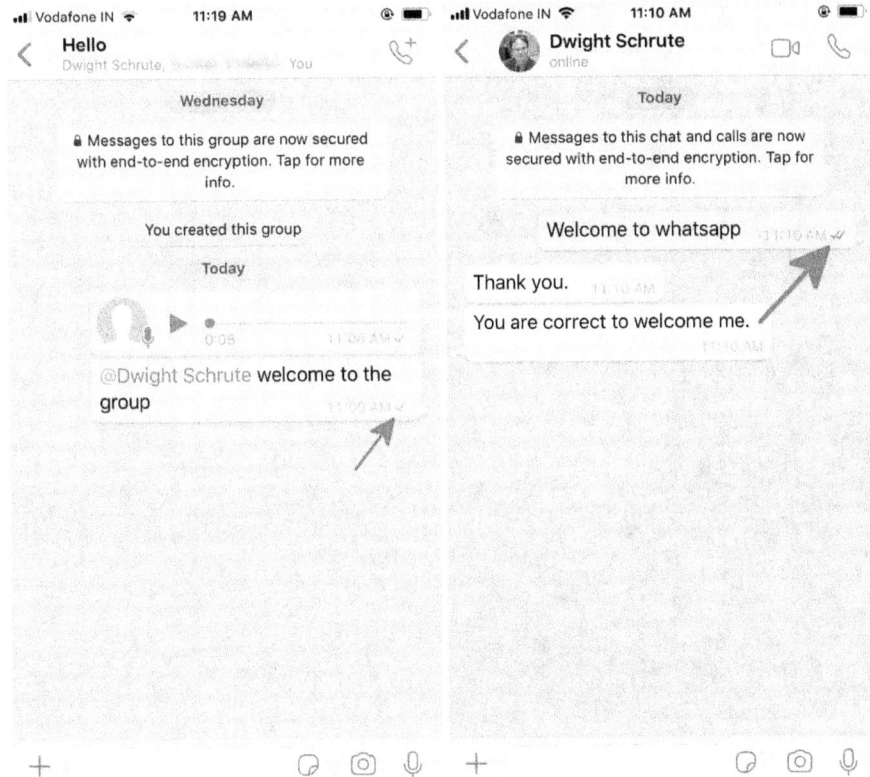

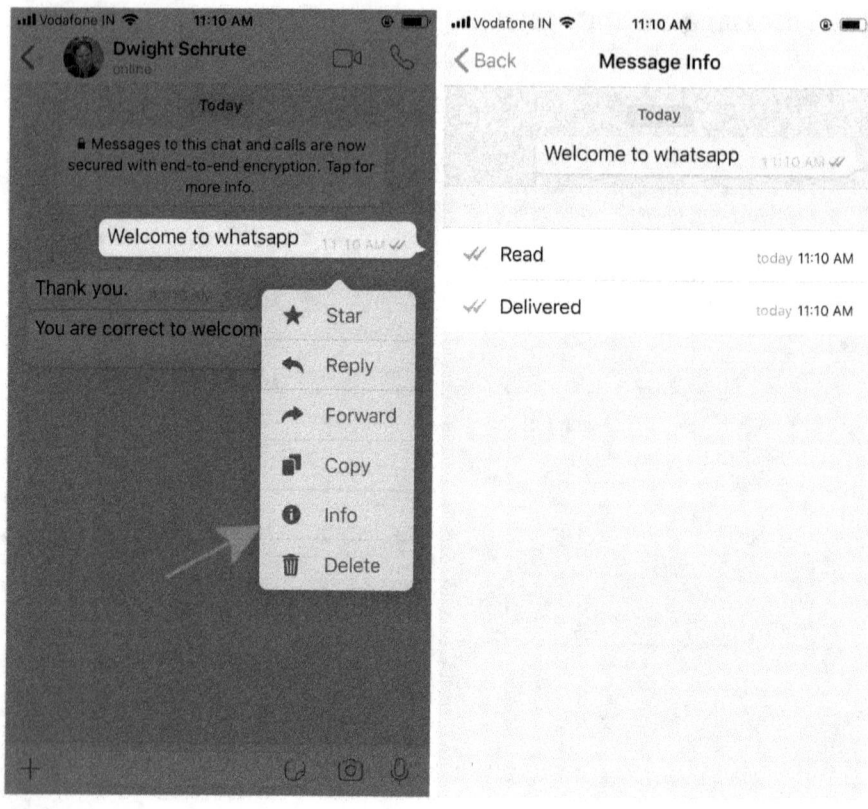

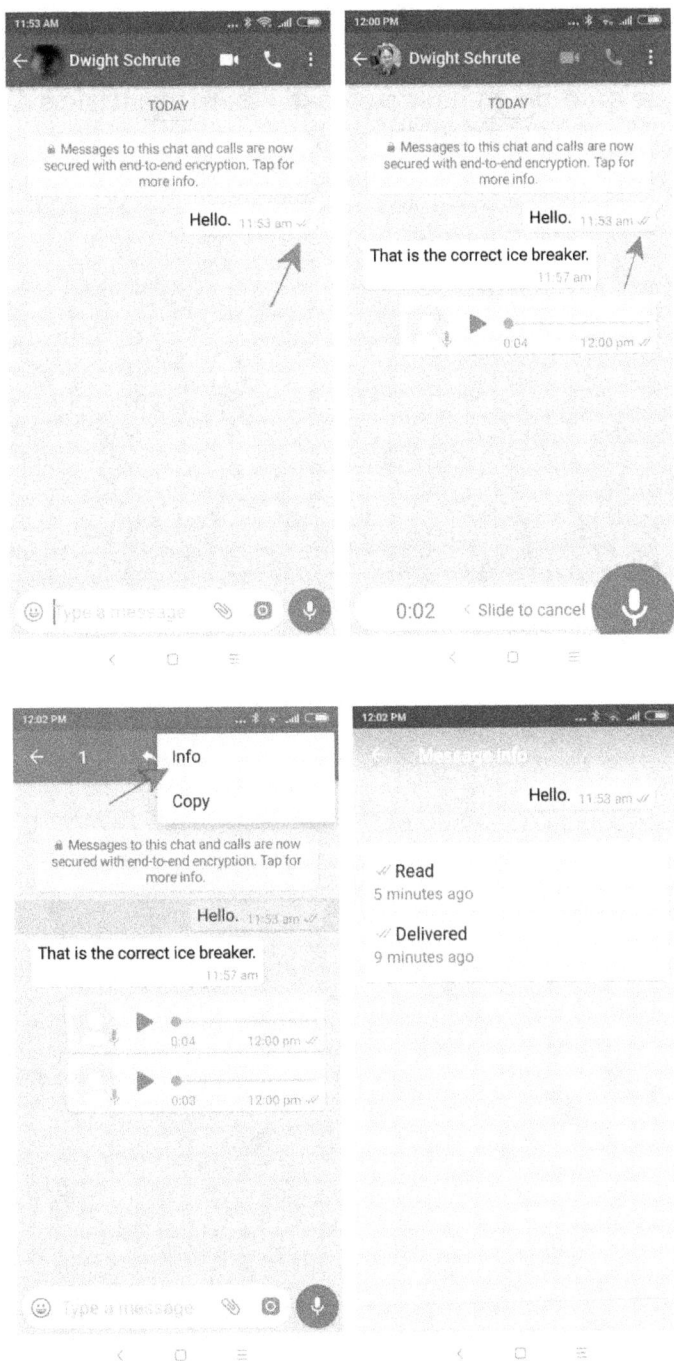

Ora il tuo amico non può darti una scusa per non vedere il tuo messaggio quando gli hai chiesto di essere puntuale e di portare degli snack per la tua festa in casa !!

NASCONDERE LE CONFERME DI LETTURA

Non voglio rivelare se ho letto o meno un messaggio WhatsApp. Come lo faccio?

Puoi modificare le impostazioni del segno di spunta blu di WhatsApp in modo che la persona che invia il messaggio non veda se hai letto il messaggio che ti ha inviato. Sfortunatamente quando fai questo non puoi nemmeno vedere se qualcuno ha letto i messaggi che hai inviato.

Per disattivare le conferme di lettura sul tuo iPhone, fai clic sul pulsante delle impostazioni nella parte inferiore dello schermo e poi sul pulsante "Account". Qui fai clic sul pulsante "Privacy" e scorri verso il basso fino a "Conferme di lettura" Deseleziona la casella per disattivarlo.

VANSHDEEP MADAN

‧‧‧ Vodafone IN 🔇 11:18 AM 🔋⬛	‧‧‧ Vodafone IN 🔇 11:18 AM 🔋⬛	

| ‹ Settings | **Account** | ‹ Account | **Privacy** |

Privacy ›	Last Seen Everyone ›
Security ›	Profile Photo Everyone ›
Two-Step Verification ›	About Everyone ›
Change Number ›	Status My Contacts ›
Request Account Info ›	Live Location None ›
Delete My Account ›	List of chats where you are sharing your live location.
	Blocked None ›
	List of contacts you have blocked.
	Read Receipts ⬤
	If you turn off read receipts, you won't be able to see read receipts from other people. Read receipts are always sent for group chats.

◯ Status	📞 Calls	📷 Camera	💬 Chats	⚙ Settings	◯ Status	📞 Calls	📷 Camera	💬 Chats	⚙ Settings

Per disattivare le conferme di lettura sul tuo smartphone Android, fai clic sul pulsante delle impostazioni nella parte inferiore dello schermo e poi sul pulsante "Account". Qui fai clic sul pulsante "Privacy" e scorri verso il basso fino a "Conferme di lettura" Deseleziona la casella per disattivarlo.

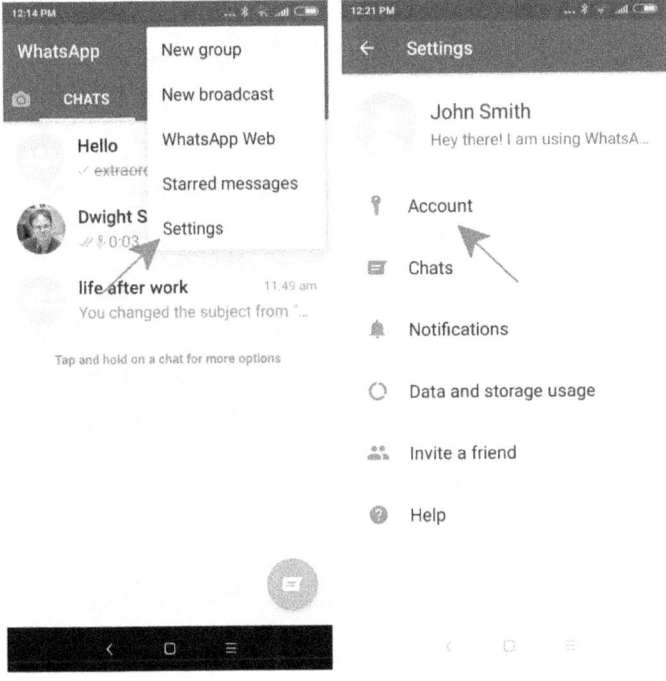

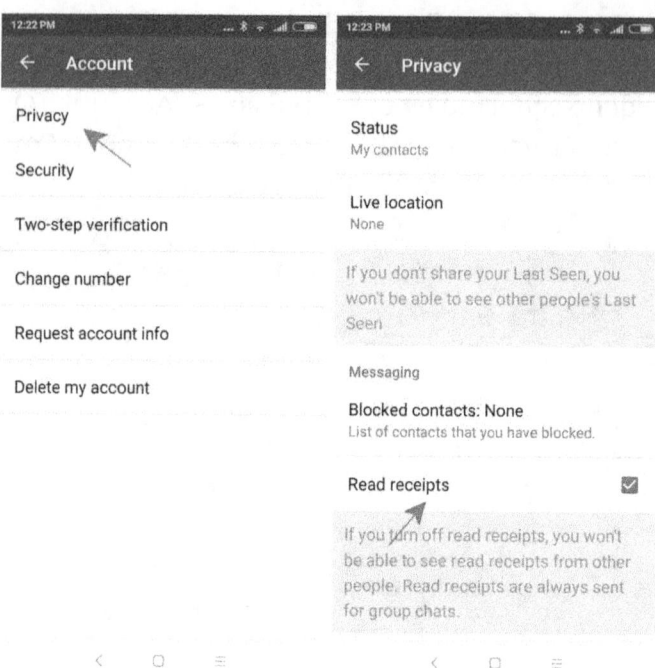

NASCONDERE L'ULTIMO VISTO ONLINE

C'è un modo per proteggere ulteriormente la mia privacy?

WhatsApp ha una funzione chiamata Last Seen che trasmette l'ora in cui sei stato online l'ultima volta su WhatsApp. Per proteggere ulteriormente la tua privacy puoi disattivare questa opzione nelle impostazioni sulla privacy come descritto sopra. Ancora una volta, come le conferme di lettura, una volta disabilitata la funzione Ultimo accesso non puoi vedere anche l'ora dell'ultimo accesso dei tuoi contatti.

Per impostare l'ultimo visto sul tuo iPhone clicca sul pulsante delle impostazioni nella parte inferiore dello schermo e poi sul pulsante "Account". Qui fai clic sul pulsante "Privacy" e scorri verso il basso fino a Ultimo accesso "Puoi scegliere tra 3 opzioni:
1. Tutti: qui tutti possono vedere l'ora in cui sei stato online l'ultima volta su WhatsApp
2. Contatti: qui solo i contatti salvati sul tuo telefono può vedere quando sei stato online l'ultima volta su WhatsApp
3. Nessuno: questo disabilita la funzione Ultimo accesso che assicura che nessuno possa vedere l'ora in cui sei stato online l'ultima volta su WhatsApp

‹ Settings **Account**	**‹** Account **Privacy**
Privacy ›	Last Seen Everyone ›
Security ›	Profile Photo Everyone ›
Two-Step Verification ›	About Everyone ›
Change Number ›	Status My Contacts ›
Request Account Info ›	Live Location None ›
Delete My Account ›	List of chats where you are sharing your live location.
	Blocked None ›
	List of contacts you have blocked.
	Read Receipts
	If you turn off read receipts, you won't be able to see read receipts from other people. Read receipts are always sent for group chats.

Status Calls Camera Chats Settings

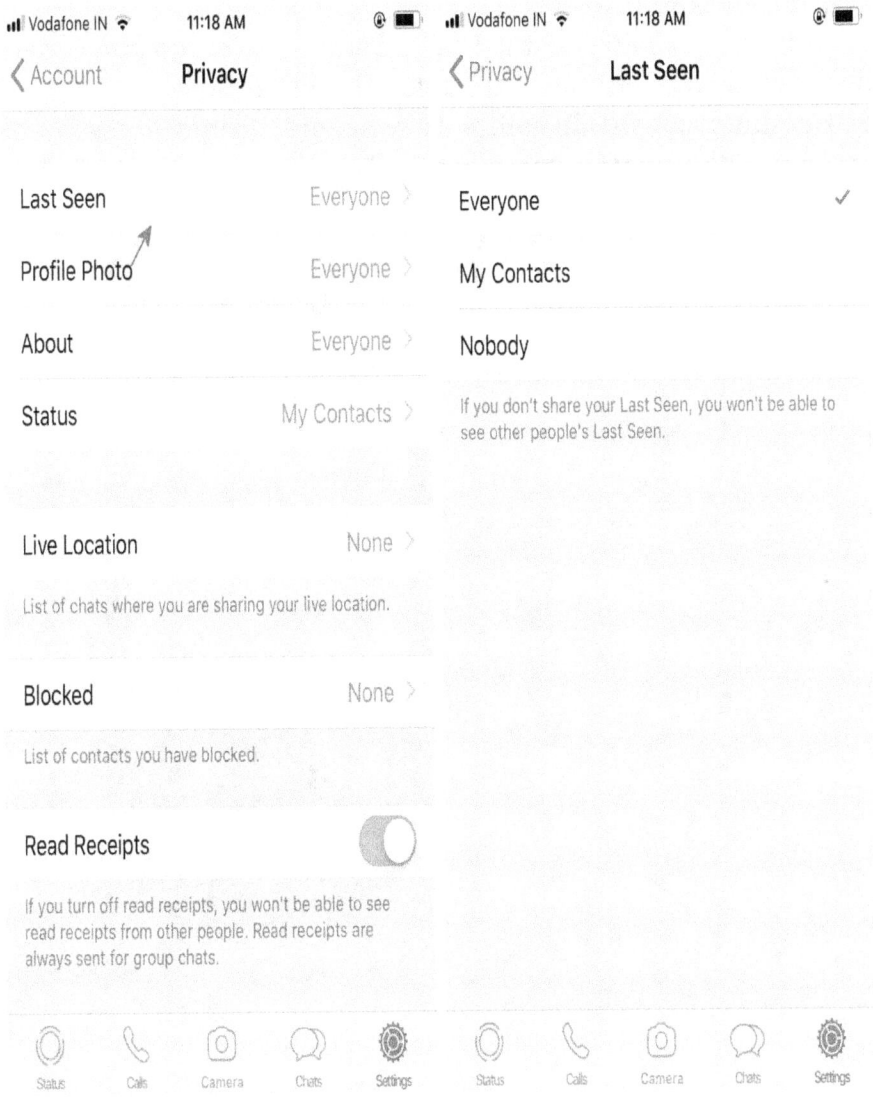

Per impostare l'ultimo visto sul tuo smartphone Android fai clic sul pulsante delle impostazioni dietro il pulsante con i 3 puntini in alto a destra dello schermo e poi il pulsante "Account". Qui fai clic sul pulsante "Privacy" e scorri fino a "Ultimo accesso" Puoi scegliere tra 3 opzioni:

1. Tutti: qui tutti possono vedere l'ora in cui sei stato online

l'ultima volta su WhatsApp

2. Contatti: qui solo i contatti salvati sul tuo telefono può vedere quando sei stato online l'ultima volta su WhatsApp

3. Nessuno: questo disabilita la funzione Ultimo accesso che assicura che nessuno possa vedere l'ora in cui sei stato online l'ultima volta su WhatsApp

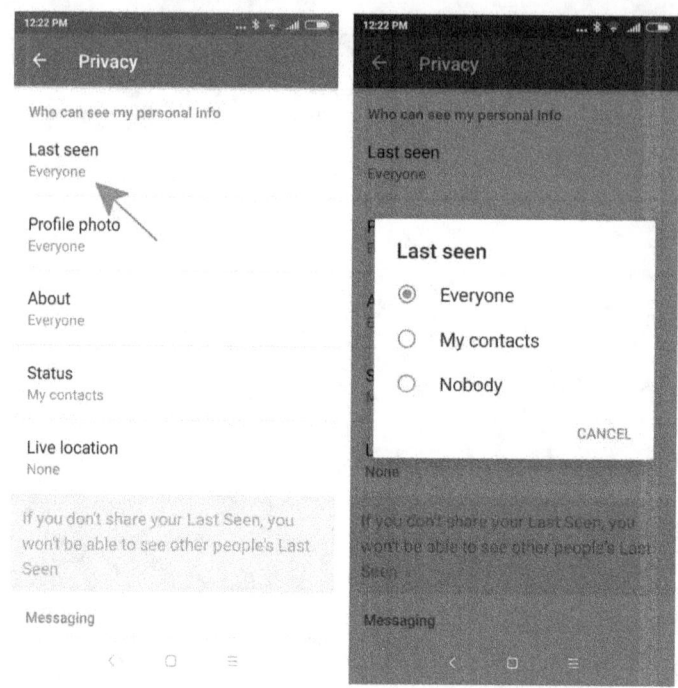

INVIO DI FOTO, VIDEO E MOLTO ALTRO

Ok, quindi posso inviare messaggi di testo per gratis su WhatsApp. Posso inviare foto o video? Cos'altro posso inviare tramite WhatsApp?

Sì, puoi inviare foto e video tramite WhatsApp. Infatti puoi inviare tutto quanto segue tramite un messaggio WhatsApp:

1. Foto e video
2. Messaggio vocale
3. Documenti
4. Emoji, GIF e adesivi
5. Contatti
6. Posizione

Diamo un'occhiata a come puoi inviare tutto quanto sopra

1. Foto e video

Sul tuo iPhone puoi inviare foto e video in due modi.

Per prima cosa puoi fare clic sul pulsante della fotocamera a destra della finestra della chat. Questo aprirà la fotocamera. Qui puoi fare un video o una foto o selezionare un'immagine o un video dalla galleria del telefono. La foto o il video selezionato o ripreso verrà quindi immediatamente inviato al tuo amico.

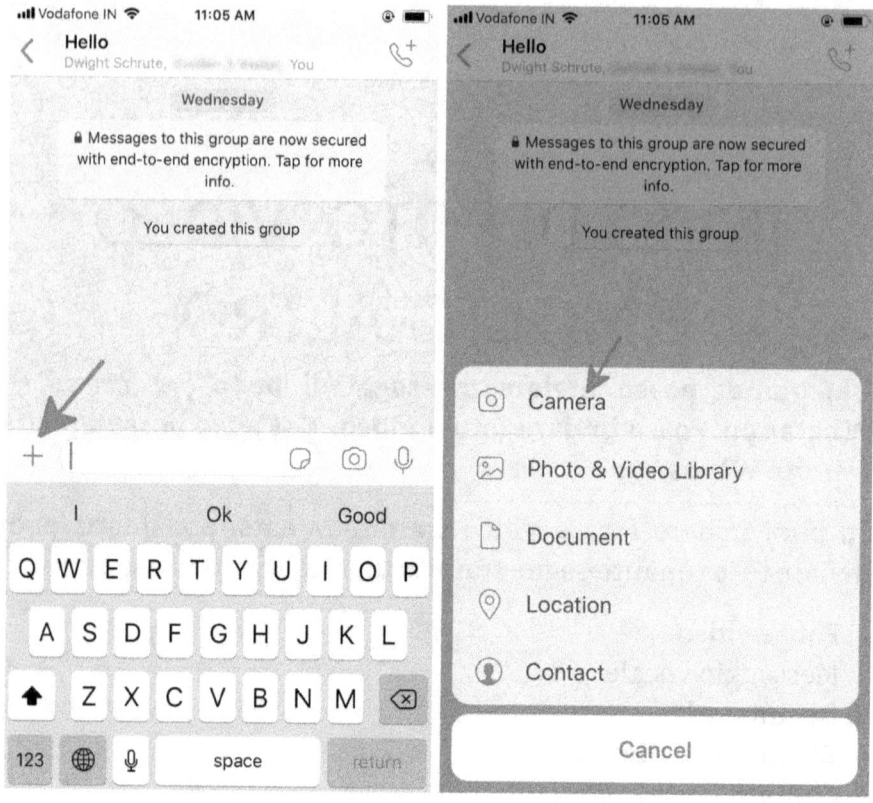

In secondo luogo è possibile fare clic sul pulsante "+" a sinistra della finestra di chat e selezionare "Foto e video" dal menu. Ciò ti consentirà di selezionare un'immagine o un video dalla tua galleria da inviare al tuo amico.

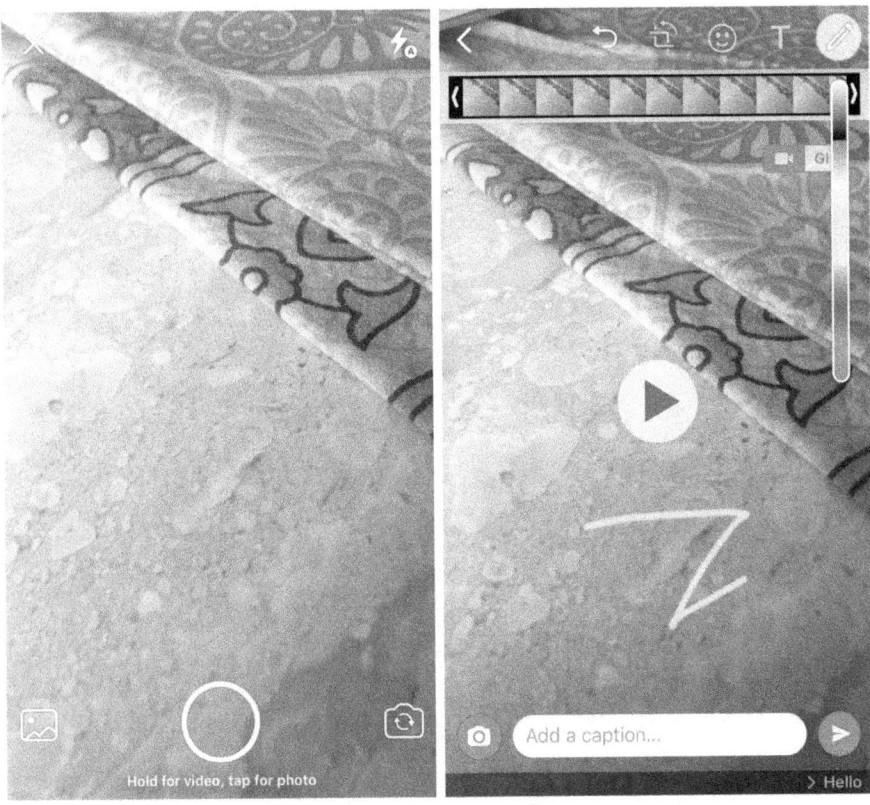

Allo stesso modo sul tuo smartphone Android puoi inviare foto e video in due modi.

Per prima cosa puoi fare clic sul pulsante della fotocamera a destra della finestra della chat. Questo aprirà la fotocamera. Qui puoi fare un video o una foto o selezionare un'immagine o un video dalla galleria del telefono. La foto o il video selezionato o ripreso verrà quindi immediatamente inviato al tuo amico.

In secondo luogo, puoi fare clic sul pulsante della graffetta a destra della finestra della chat e selezionare "Galleria" dal menu. Ciò ti consentirà di selezionare un'immagine o un video dalla tua galleria da inviare al tuo amico.

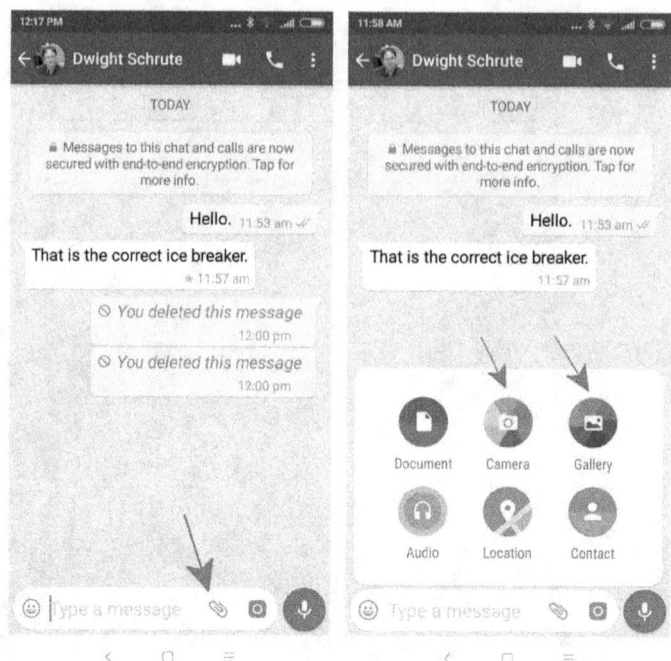

2. MESSAGGIO VOCALE

Se si desidera inviare un messaggio molto lungo e non si desidera digitarlo, è possibile inviare un messaggio vocale.
iPhone:

sul tuo iPhone invii un messaggio vocale tenendo premuto il pulsante del microfono a destra della finestra della chat. Non appena si tiene premuto il pulsante, il messaggio inizia a registrare e continua finché non si rilascia il pulsante.

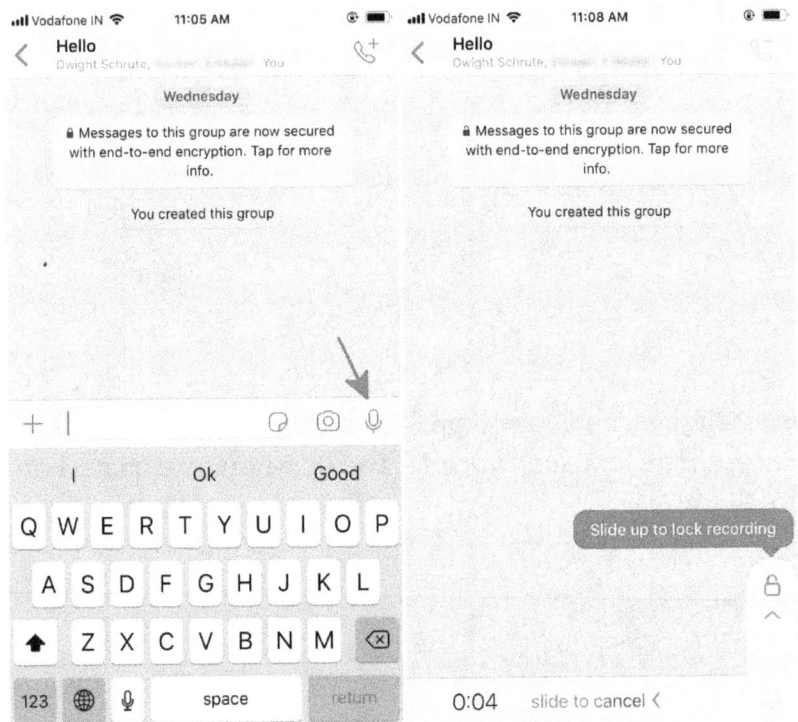

Android:

sul tuo smartphone Android per inviare un messaggio vocale devi tenere premuto il pulsante verde del microfono a destra della casella di chat. Non appena tieni premuto il pulsante il messaggio inizia a registrare e continua finché non lo lasci andare il tasto. Questo messaggio vocale viene inviato sulla stessa schermata della chat in cui vengono inviati i messaggi di testo.

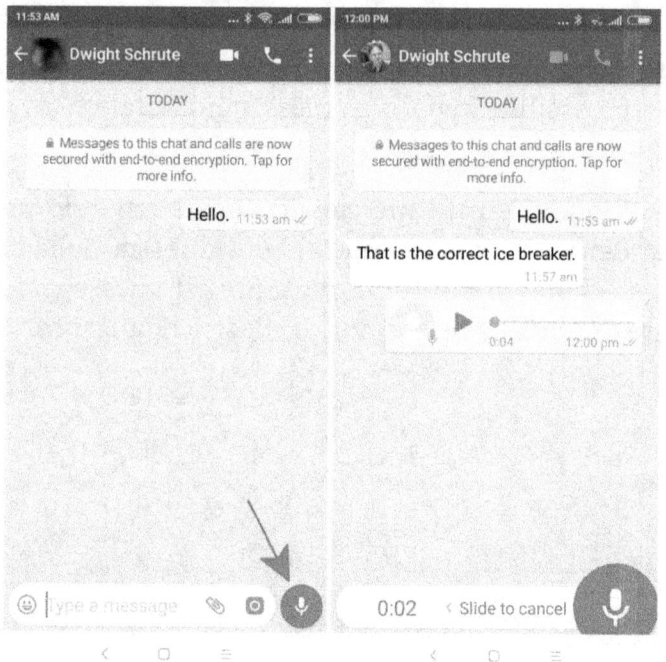

Con i messaggi vocali WhatsApp fa in modo che, oltre ai muscoli del pollice, anche i muscoli vocali siano flessi mentre chatti con i tuoi amici!

3. DOCUMENTI

Puoi inviare qualsiasi documento tu voglia tramite WhatsApp. WhatsApp supporta tutti i tipi di file con un limite di dimensione di 100 MB. I tipi di file che puoi inviare includono .xls, .ppt, .doc, .pdf, .mp4 e .mp3 In questo modo puoi inviare qualsiasi file di testo, file audio, file video e file dell'applicazione.

iPhone:

per inviare questi file sul tuo iPhone, fai clic sul pulsante "+" a sinistra della finestra di chat e seleziona il pulsante "Condividi documenti". Da qui puoi selezionare i file salvati sul tuo iPhone o archiviati sul tuo cloud storage come iCloud, Google Drive, Dropbox o OneDrive

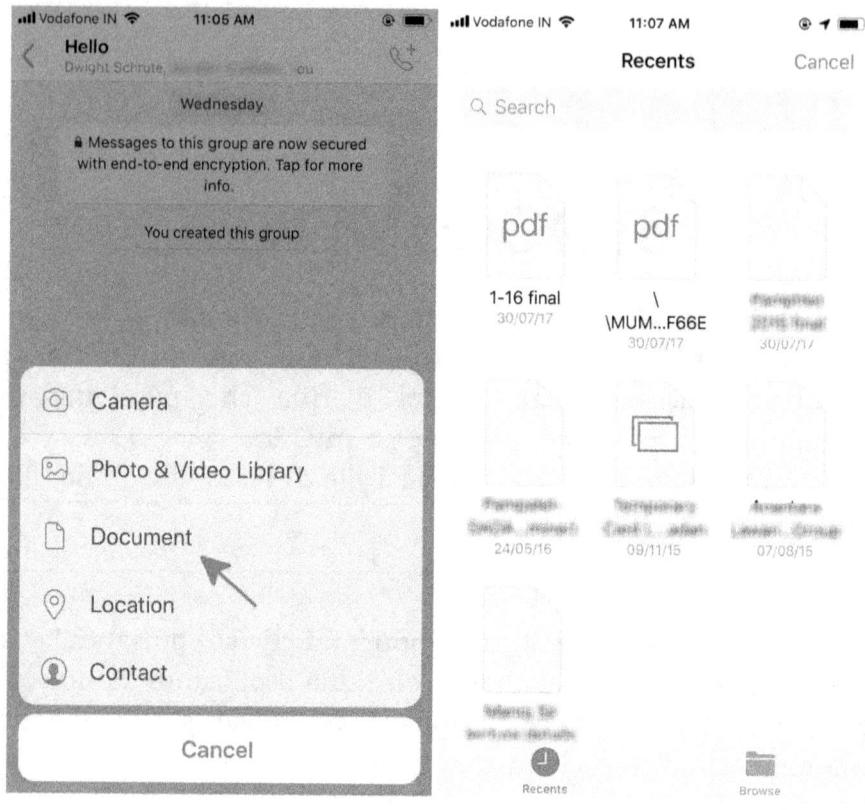

Android:

Per inviare i file sul tuo smartphone Android fai clic sul pulsante della graffetta a destra della casella della chat e seleziona il pulsante "Documento" da qui puoi selezionare qualsiasi file sul tuo telefono Android da condividere.

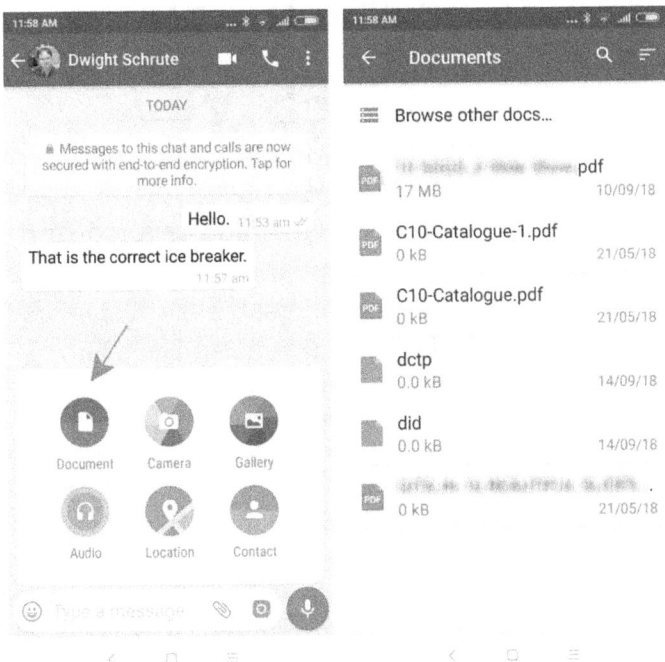

Ora non è necessario inviare via e-mail i documenti dei tuoi amici, puoi farlo direttamente tramite WhatsApp. Puoi infatti trasferire documenti dal tuo telefono al tuo Computer anche utilizzando WhatsApp Web e la condivisione dei documenti.

4. EMOJI, GIF
E ADESIVI

A volte le parole non sono sufficienti per esprimere le emozioni che provi e hanno bisogno di un modo diverso di esprimere queste emozioni. È qui che entrano in scena Emoji, GIF e adesivi! Gli emoji sono emoticon o simboli usati per indicare espressioni facciali, tempo atmosferico, animali, luoghi ecc. Le GIF sono brevi video che possono essere utilizzati anche per esprimere lo stesso mentre gli adesivi sono semplicemente forme più grandi ed elaborate di emoji

iPhone:

per utilizzare queste forme di creatività espressione sul tuo iPhone premi la casella della chat per aprire la tastiera e fai clic sul pulsante della faccina sorridente in basso a sinistra della tastiera. Questo ti porterà al menu emoji in cui selezioni l'emoji, la GIF o gli adesivi che desideri inviare.

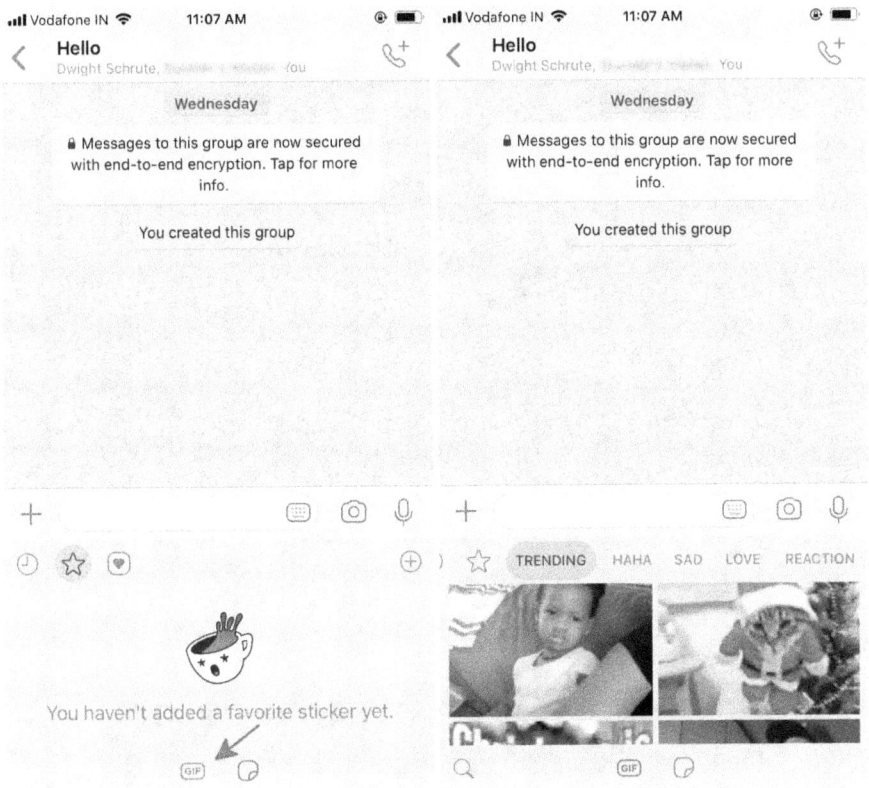

Android:

sul tuo telefono Android fai clic sulla faccina sorridente a sinistra della finestra di chat per aprire il menu delle emoji. Qui puoi selezionare l'emoji, la GIF o l'adesivo che preferisci. Le tue emoji più utilizzate vengono salvate nella prima schermata del menu emoji per rendere più facile l'accesso alle tue emoji più utilizzate. Quindi vai avanti ed esprimiti pienamente!

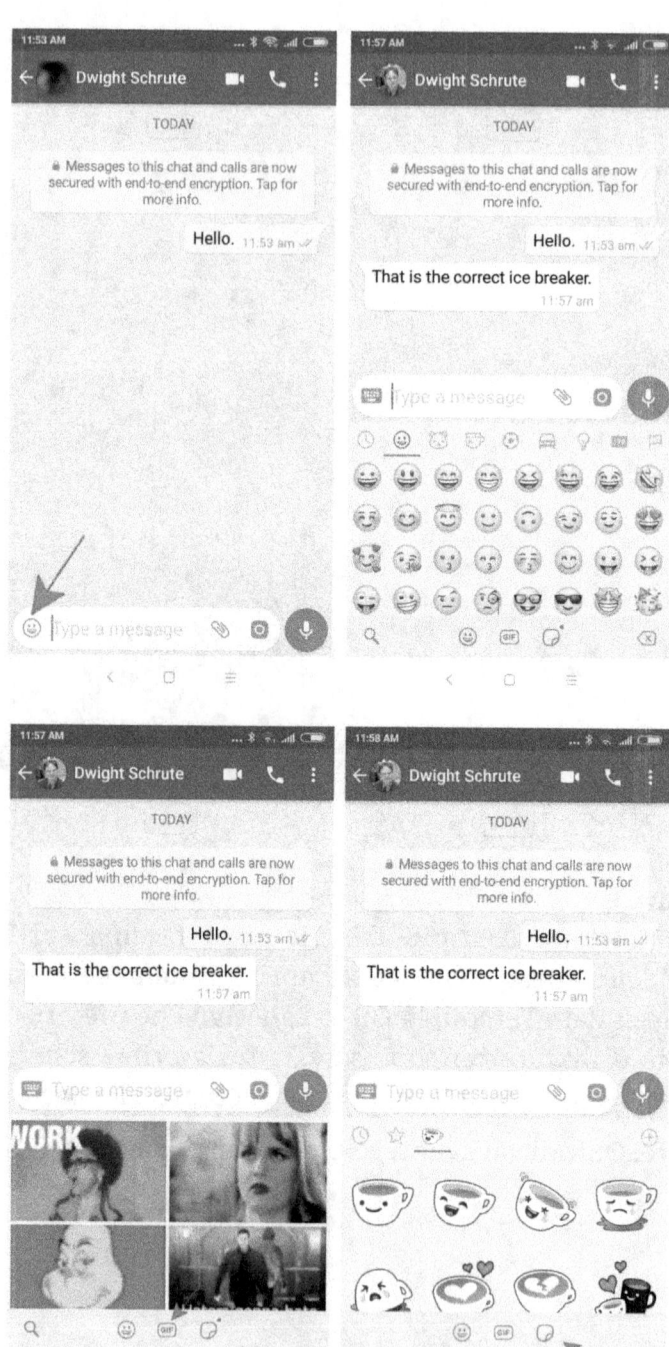

5. CONTATTI

Uno degli elementi più utili che puoi condividere tramite WhatsApp sono le informazioni di contatto. Puoi condividere qualsiasi contatto memorizzato nella tua rubrica direttamente nella finestra della chat. WhatsApp consente al destinatario di inviare immediatamente un messaggio a questo contatto o di salvare il contatto nella propria rubrica.

iPhone:

per condividere i contatti sul tuo iPhone, fai clic sul "+" a sinistra della finestra di chat e seleziona "Contatti". Da qui puoi cercare e selezionare tutti i contatti che desideri condividere.

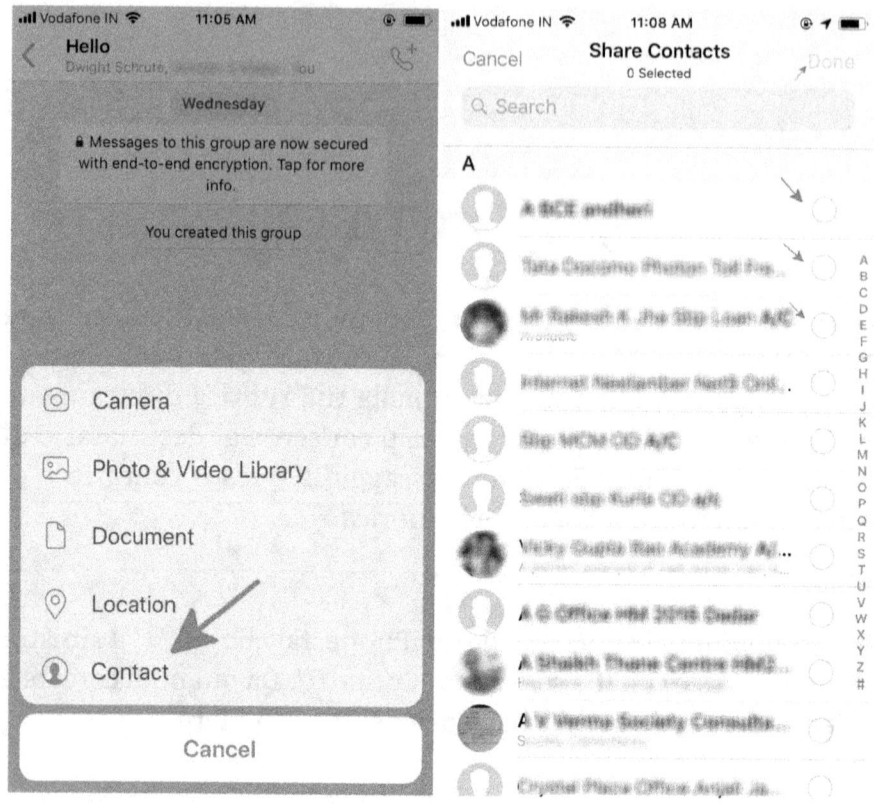

Android:

per condividere i contatti sul tuo telefono Android, fai clic sul pulsante della graffetta a destra della finestra della chat e seleziona il pulsante "Contatto". Questo ti porterà all'elenco dei contatti da cui puoi selezionare l'elenco dei contatti che desideri condividere.

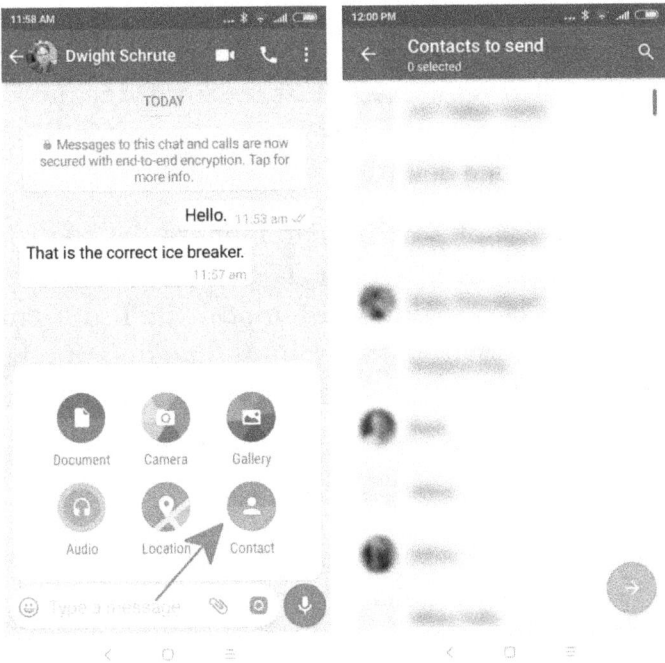

Sono sicuro che questo rende le noiose sessioni di networking molto più facili! Non servono più biglietti da visita!

53

6. POSIZIONE

Ti sei mai perso cercando di trovare la casa del tuo amico o il ristorante in cui tutti si sarebbero incontrati? Non devi più preoccuparti di questo con la condivisione della posizionecondivisione della

Utilizzando laposizione puoi condividere la tua posizione corrente, la tua posizione live o la posizione di un punto di riferimento. Con la posizione in tempo reale il tuo amico può monitorare il tuo movimento per un tempo definito da te. Ora, quando il tuo amico ti dice che è a 15 minuti di distanza, puoi effettivamente vedere se sta dicendo la verità!

iPhone:

per condividere la tua posizione sul tuo iPhone, fai clic sul pulsante "+" a sinistra della finestra della chat e fai clic sul pulsante "Posizione". Qui puoi scegliere di condividere la tua posizione corrente, la posizione live o la posizione di un punto di riferimento nelle vicinanze. Dopo aver selezionato Posizione in tempo reale, puoi selezionare per quanto tempo desideri condividere la tua posizione.

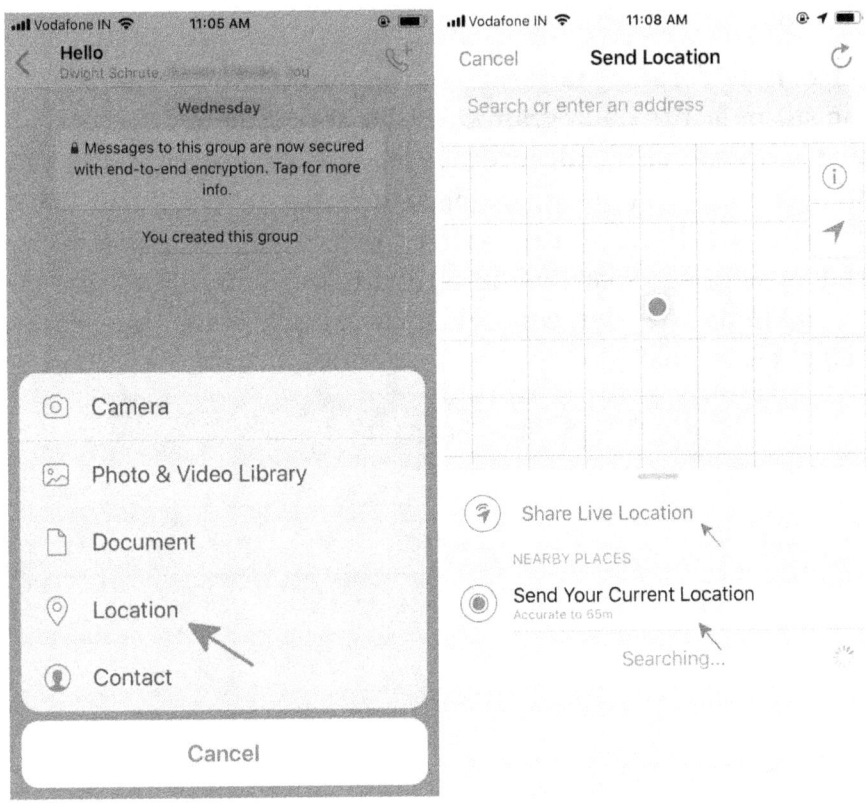

Android:

per condividere la tua posizione sul tuo telefono Android, fai clic sul pulsante della graffetta sulla destra della finestra della chat e seleziona il pulsante "Posizione". Da qui puoi scegliere di condividere la tua posizione corrente, la posizione live o la posizione di un punto di riferimento nelle vicinanze. Dopo aver selezionato Posizione in tempo reale, puoi selezionare per quanto tempo desideri condividere la tua posizione. Non perdere mai più la strada!

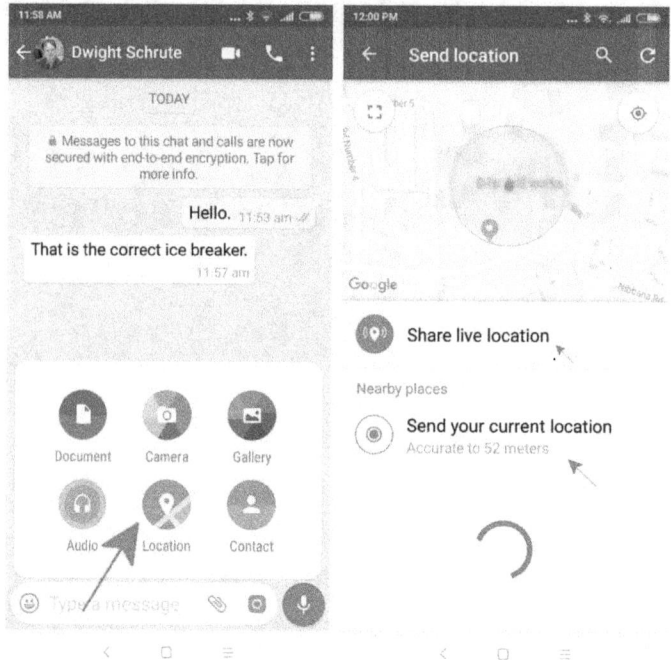

COME FACCIO A ELIMINARE, RISPONDERE E INOLTRARE MESSAGGI?

iPhone:

sul tuo iPhone per eliminare un messaggio che hai inviato, tieni premuto il messaggio. Dal menu che si apre selezionare il pulsante "Elimina". Questo ti dà un'opzione per "Elimina per te" che elimina solo il messaggio per te in modo che il destinatario possa vedere il messaggio o per "Elimina per tutti" in modo che il messaggio venga eliminato per tutti.

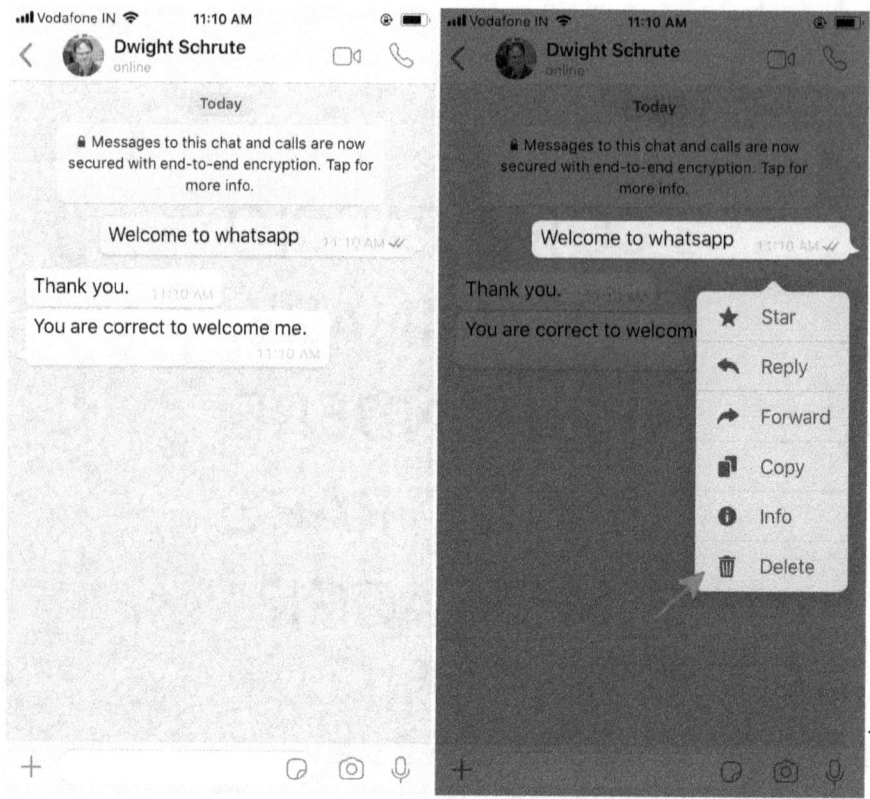

È possibile rispondere a messaggi specifici utilizzando la funzione Rispondi. Ciò ti consente di includere il messaggio a cui stai rispondendo nella risposta del messaggio. Ciò è particolarmente utile nella messaggistica di gruppo in cui sono presenti più persone contemporaneamente. Per utilizzare la funzione di risposta sul tuo iPhone, tieni premuto il messaggio a cui vuoi rispondere. Seleziona il pulsante "rispondi" dal menu che si apre e digita il messaggio che desideri inviare come risposta.

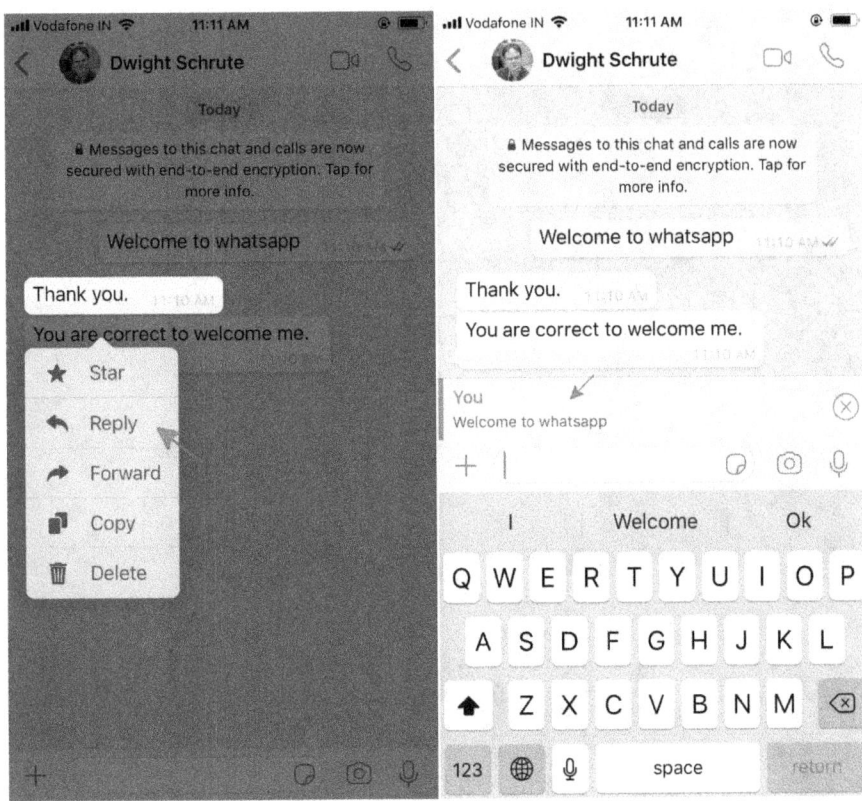

Per inoltrare un messaggio sul tuo iPhone, tieni premuto il messaggio che desideri inoltrare. Seleziona "avanti" dal menu che si apre. Questo aprirà i tuoi contatti a cui puoi inoltrare il messaggio. Puoi inoltrare il tuo messaggio a 20 contatti alla volta se non sei in India. Se ti trovi in India, sei limitato a 5 contatti alla volta.

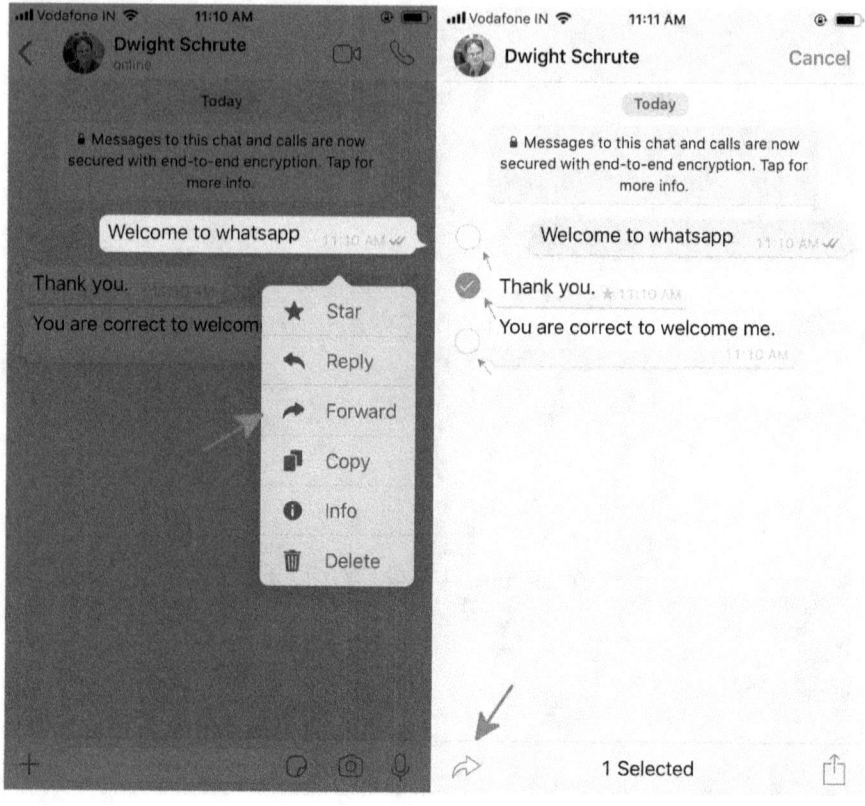

Android:

per eliminare un messaggio sul tuo smartphone Android, tieni premuto il messaggio che desideri eliminare. Questo rivelerà un menu nella parte superiore dello schermo. Fare clic sul pulsante del cestino per eliminare il messaggio. Premendo il pulsante del cestino si ottiene un'opzione per "Elimina per te" che elimina solo il messaggio per te in modo che il destinatario possa vedere il messaggio o per "Elimina per tutti" in modo che il messaggio venga eliminato per tutti.

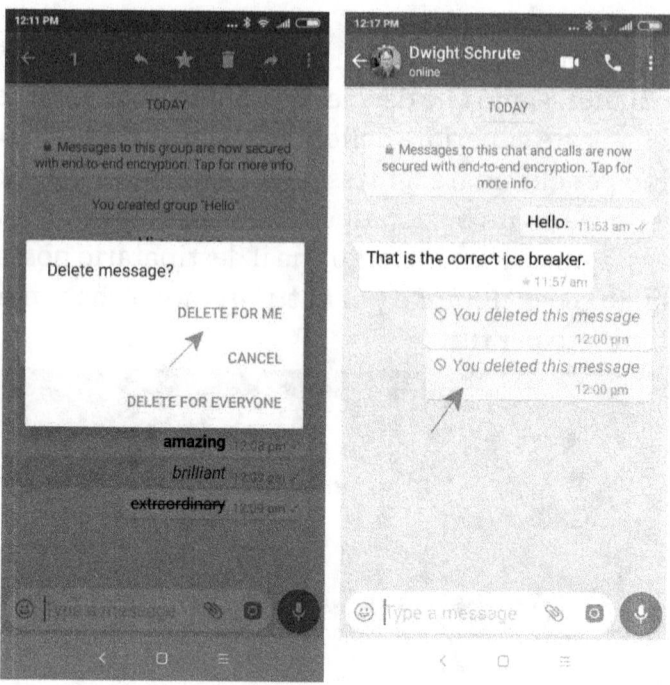

Per utilizzare la funzione di risposta sul tuo smartphone Android, tieni premuto il messaggio a cui desideri rispondere. Questo rivela un menu nella parte superiore dello schermo. Fare clic sulla freccia rivolta verso sinistra a sinistra del menu per rispondere al messaggio.

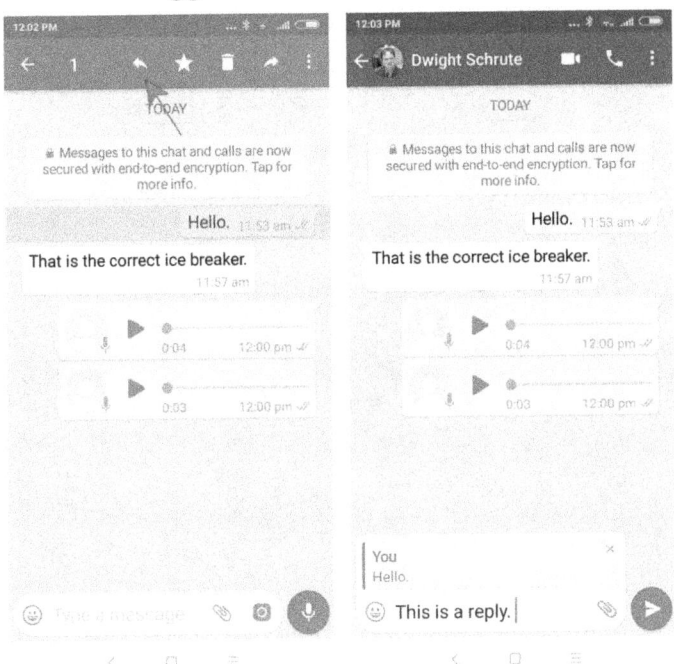

Per inoltrare un messaggio sul tuo smartphone Android, tieni premuto il messaggio che desideri inoltrare. Questo rivela un menu nella parte superiore dello schermo. Selezionare il pulsante freccia che punta verso destra a destra del menu. Questo apre i tuoi contatti a cui puoi inoltrare il tuo messaggio. Puoi inoltrare il tuo messaggio a 20 contatti alla volta se non sei in India. Se ti trovi in India, sei limitato a 5 contatti alla volta.

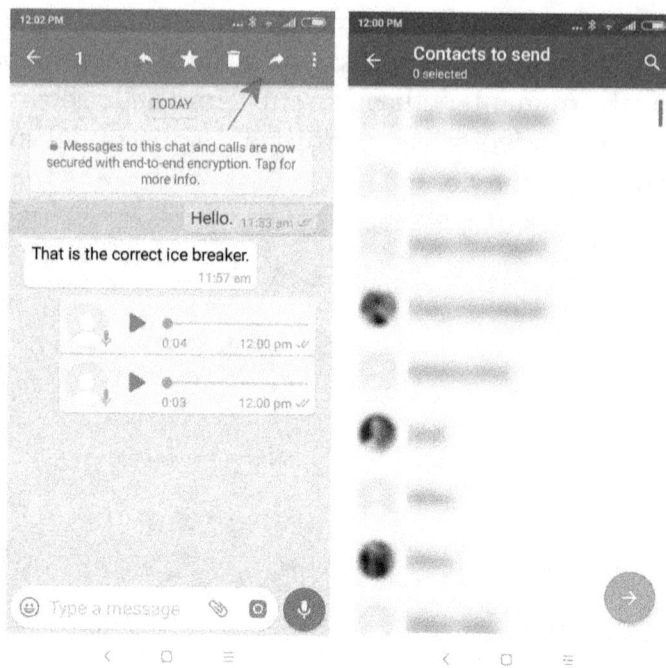

RICERCA MESSAGGI IL

mio amico ha condiviso alcune informazioni importanti alcuni mesi fa. C'è un modo per cercare queste informazioni e trovarle nella nostra chat?

Puoi cercare i messaggi in qualsiasi chat tu voglia. Per fare ciò sul tuo iPhone inizia a digitare le parole che desideri cercare nella barra di ricerca nella schermata della chat. Questo cercherà tutti i tuoi messaggi e ti darà tutti i messaggi con parole corrispondenti. Mostrerà anche i nomi oi gruppi dei contatti con la parola della query.

Per fare lo stesso su smartphone Android cliccare sulla lente d'ingrandimento in alto a destra dello schermo per far apparire la barra di ricerca simile a quella su iPhone. Digita la parola che stai cercando per ricevere messaggi, nomi di contatti e nomi di gruppi con query corrispondenti.

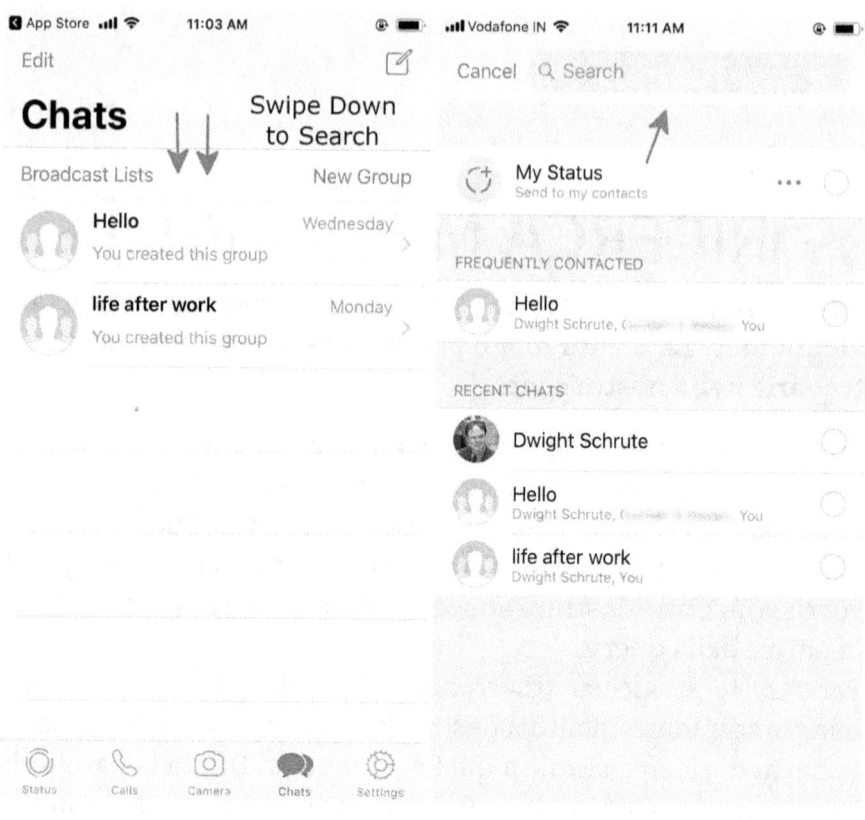

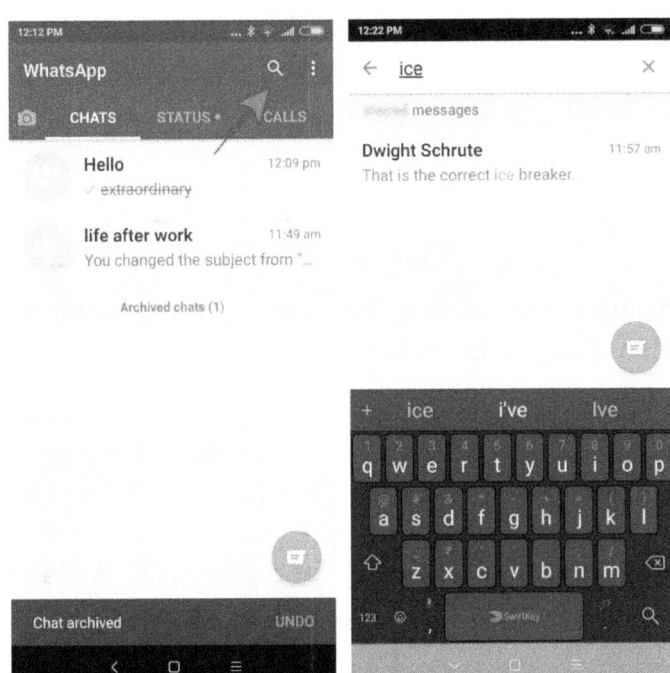

MESSAGGI SPECIALI

Esiste un modo per salvare i messaggi in modo da non dover cercare il messaggio in una chat?

Sì, puoi "contrassegnare" un messaggio e accedervi in un secondo momento nel menu "Speciali". Tieni premuto il messaggio che desideri salvare. Sul tuo iPhone clicca sull'icona della stella dal menu che si apre. Allo stesso modo sul tuo smartphone Android clicca sull'icona a forma di stella nel menu che si rivela nella parte superiore dello schermo.

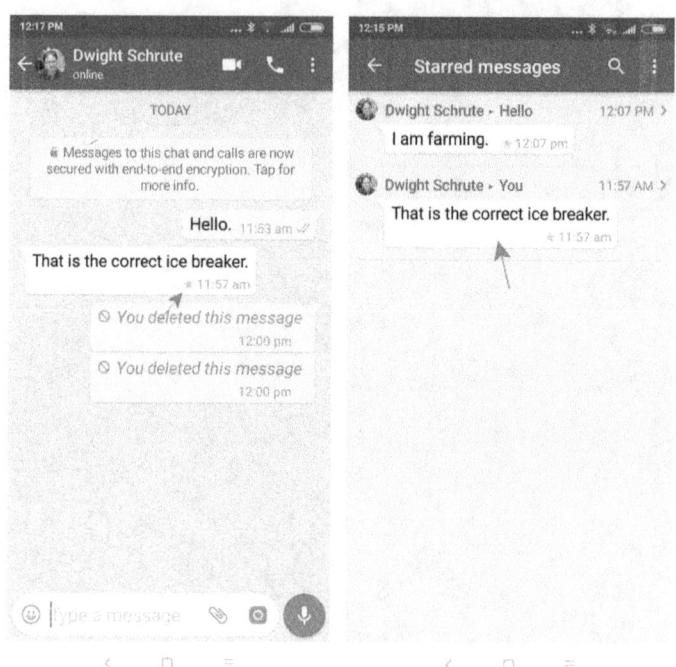

Per vedere i messaggi speciali sul tuo iPhone, fai clic su Impostazioni in basso a destra dello schermo e fai clic sul pulsante "Messaggi speciali". Sul tuo smartphone Android, fai clic sul menu a 3 pulsanti in alto a destra dello schermo e fai clic sul pulsante "Messaggi speciali" per accedere ai tuoi messaggi speciali.

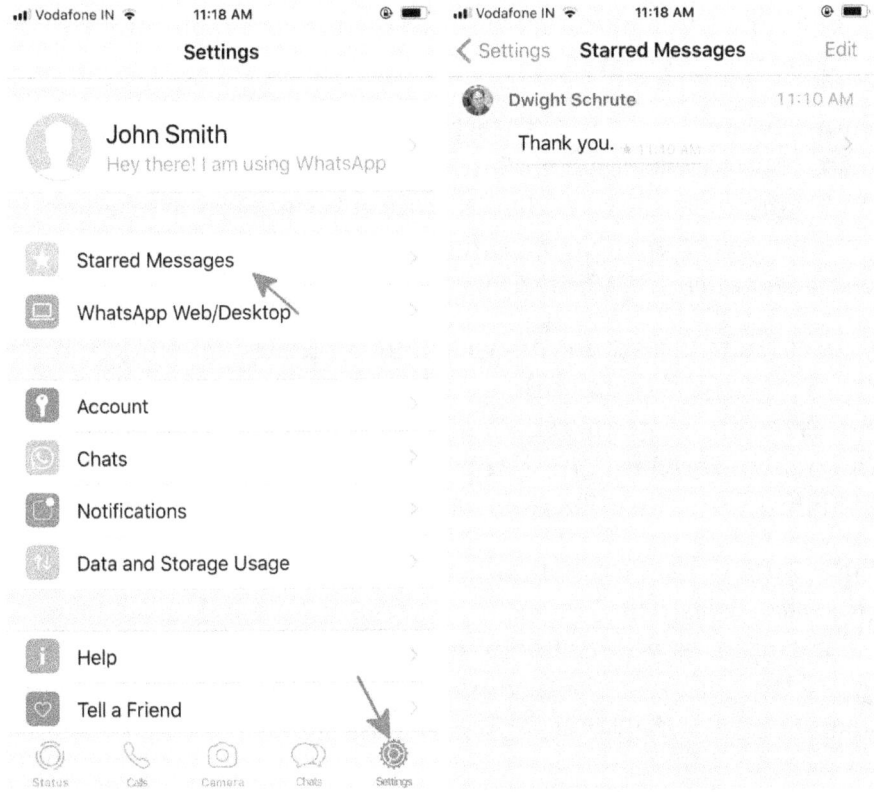

MODIFICHE AL TESTO

Sapevi che puoi modificare il modo in cui il testo appare sui tuoi messaggi WhatsApp?

Puoi rendere il testo in **grassetto** semplicemente posizionando il testo tra * (Inserisci il testo qui) *
Ad esempio, se vuoi rendere le parole WhatsApp messenger in grassetto, scriverai che è come * WhatsApp messenger * Verrà visualizzato come **WhatsApp Messenger**!

Puoi rendere il testo in _corsivo_ semplicemente inserendo il testo tra _ (Inserisci il testo qui) _
Ad esempio, se vuoi rendere le parole WhatsApp messenger in corsivo, scriverai che è come _WhatsApp messenger_ verrà visualizzato come _WhatsApp messenger_!

Puoi fare il barrato semplicemente inserendo il testo tra ~ (Inserisci il testo qui) ~
Ad esempio, se vuoi rendere le parole WhatsApp messenger in grassetto, scriverai che è come ~ WhatsApp messenger ~ Verrà visualizzato come ~~WhatsApp messenger~~!

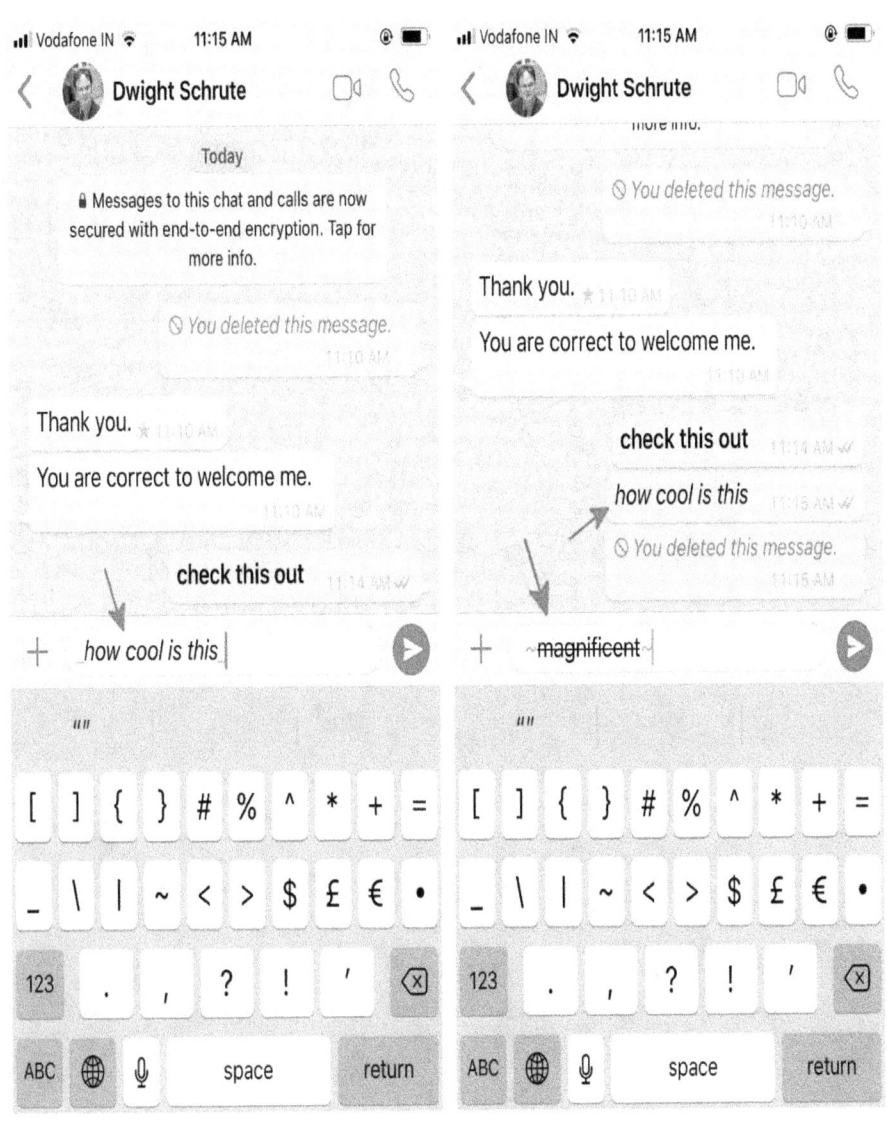

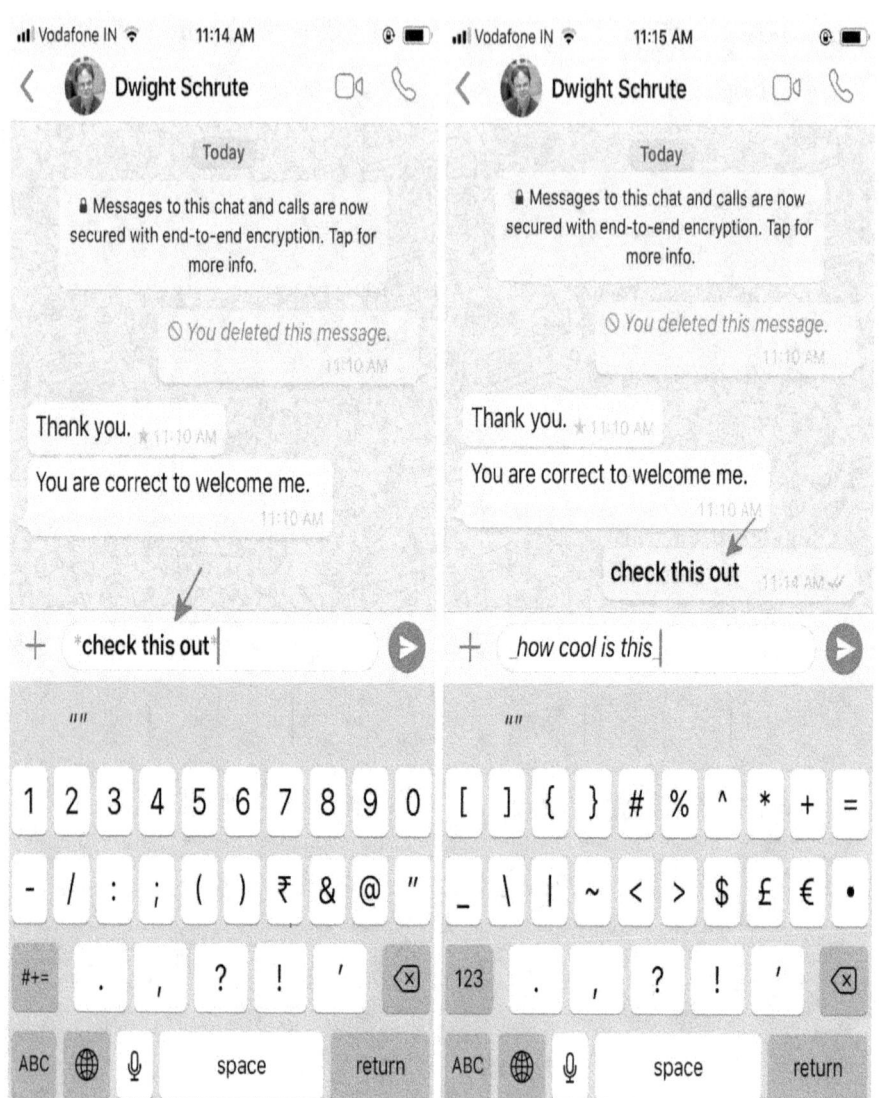

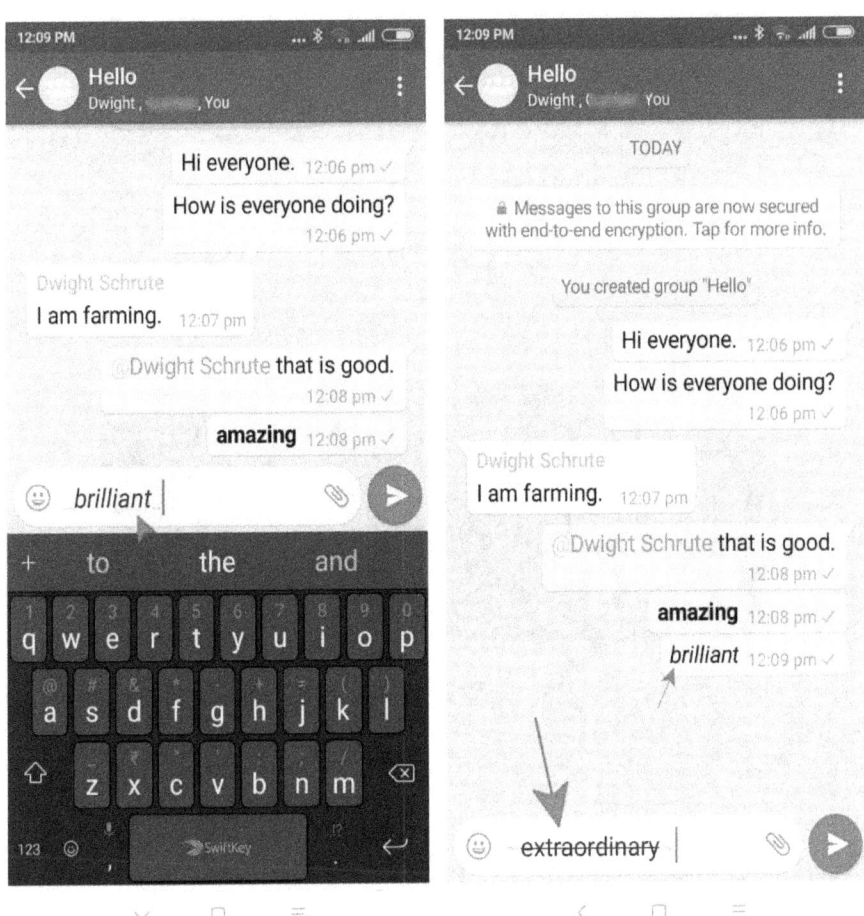

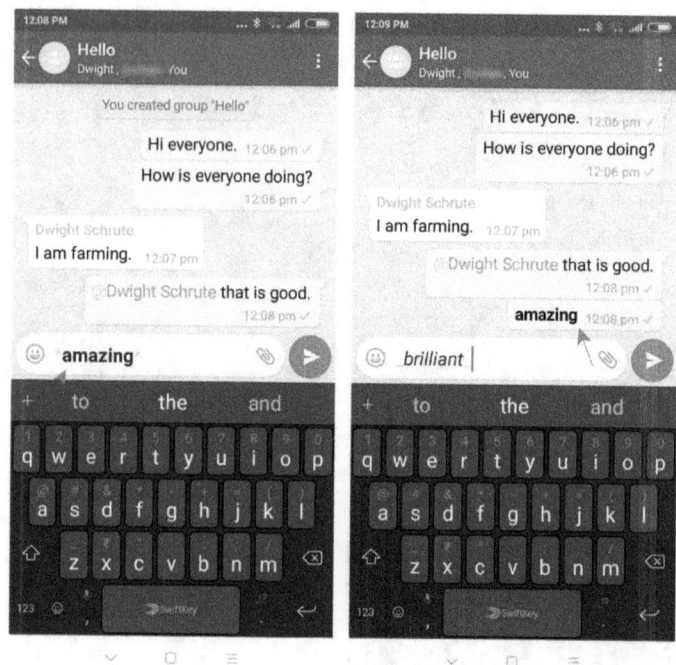

CHAT PIN

Ci sono alcuni amici con cui chatto regolarmente. Non voglio cercare la loro chat ogni giorno. C'è un modo per bloccare le loro chat in modo da potervi accedere facilmente?

iPhone:

Sì, puoi bloccare le chat che rimangono in cima all'elenco delle chat. Puoi bloccare un massimo di 3 chat. Per appuntare le chat sul tuo iPhone, scorri verso destra sulla chat che desideri appuntare. Scorrendo con il dito, fai clic con il pulsante destro del mouse sul pulsante pin per bloccare la chat.

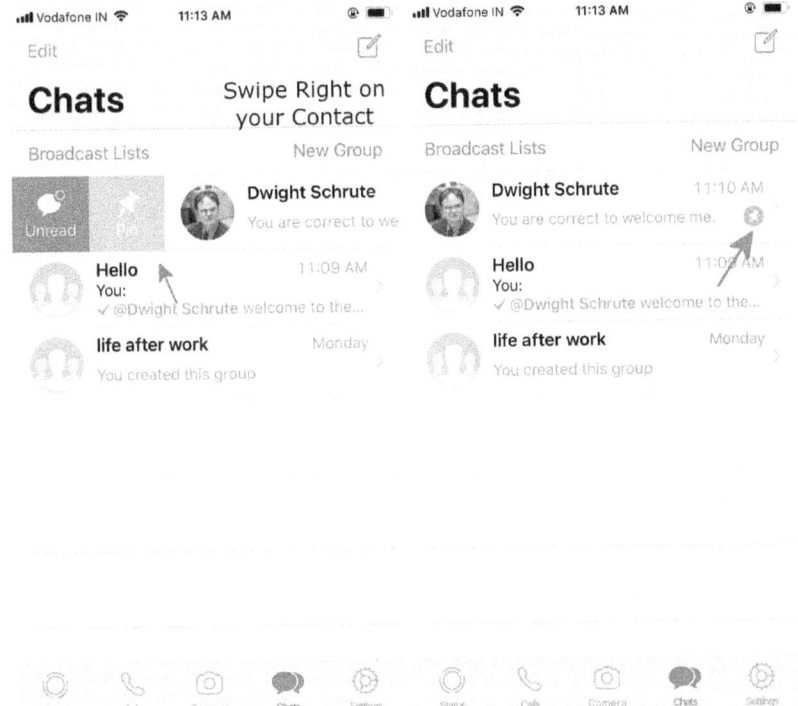

Android:

per fare lo stesso sul tuo smartphone Android, tieni premuta la chat che desideri appuntare e fai clic sul pulsante pin nel menu che compare nella parte superiore dello schermo. Il pulsante pin è l'icona più a sinistra nel menu in alto.

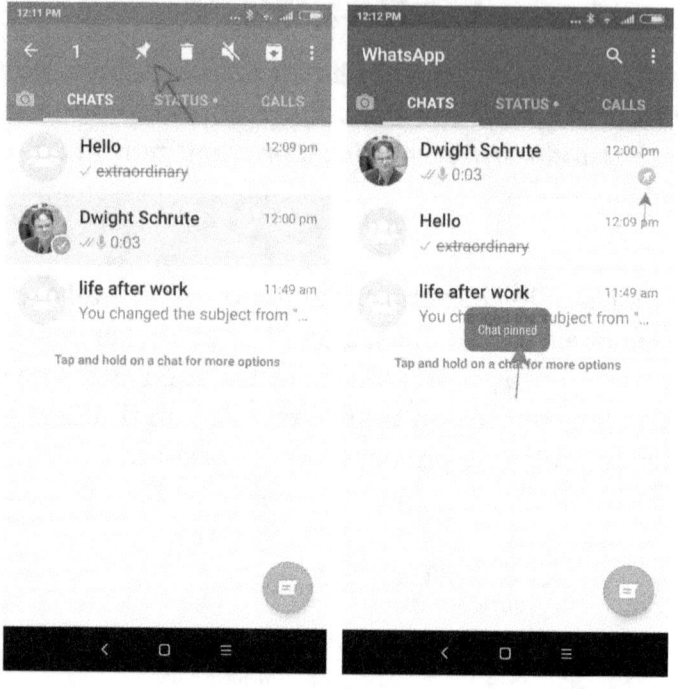

C'è una funzionalità aggiuntiva sullo smartphone Android per accedere rapidamente alla chat del tuo migliore amico. Puoi creare un collegamento alla chat del tuo amico sulla schermata iniziale, consentendoti così di passare direttamente alla chat del tuo migliore amico. Per fare ciò, vai alla schermata della chat della chat dell'amico per cui desideri creare un collegamento. Qui fai clic sul menu a 3 punti in alto a destra dello schermo. Fare clic su "Altro" e quindi su "Aggiungi collegamento" e "Aggiungi automaticamente". Nella schermata iniziale verrà creato un pulsante con l'immagine del profilo del tuo amico. Puoi fare clic su di esso per passare direttamente alla tua chat!

Ora i tuoi migliori amici sono a portata di clic!

MESSAGGI DI TRASMISSIONE

Ho una festa che sto organizzando e desidero informare tutti i miei amici. Posso inviare lo stesso messaggio a tutti i miei amici contemporaneamente? È davvero complicato inviare lo stesso messaggio a tutti i miei amici!

Per prima cosa stai facendo una festa e non ho ricevuto un invito ?! Lascia che passi questa volta ��

Per la prossima volta che organizzi una festa puoi utilizzare la funzionalità di trasmissione di WhatsApp per inviare lo stesso messaggio a un gran numero di contatti.

iPhone:

per creare un elenco di trasmissione sul tuo iPhone, fai clic su "Elenchi di trasmissione" in alto a destra nella schermata Chat e seleziona tutti i contatti che desideri aggiungere all'elenco di trasmissione. Una volta terminato, fai clic su "Crea" in alto a destra dello schermo. Da qui fare clic sulla lista di trasmissione e inviare il messaggio che si desidera inviare a tutti loro.

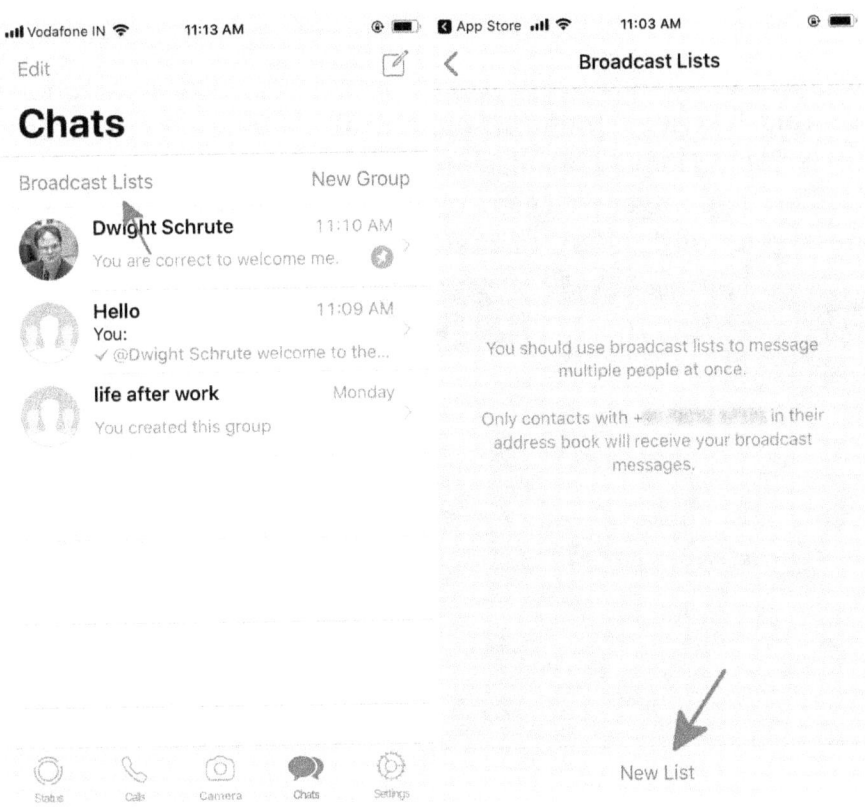

samd

Android:

per creare un elenco di trasmissione sul tuo smartphone Android, fai clic sul menu a 3 punti in alto a destra dello schermo e seleziona "Nuova trasmissione". Seleziona tutti i contatti che desideri aggiungere all'elenco di trasmissione e invia loro il messaggio che desideri trasmettere.

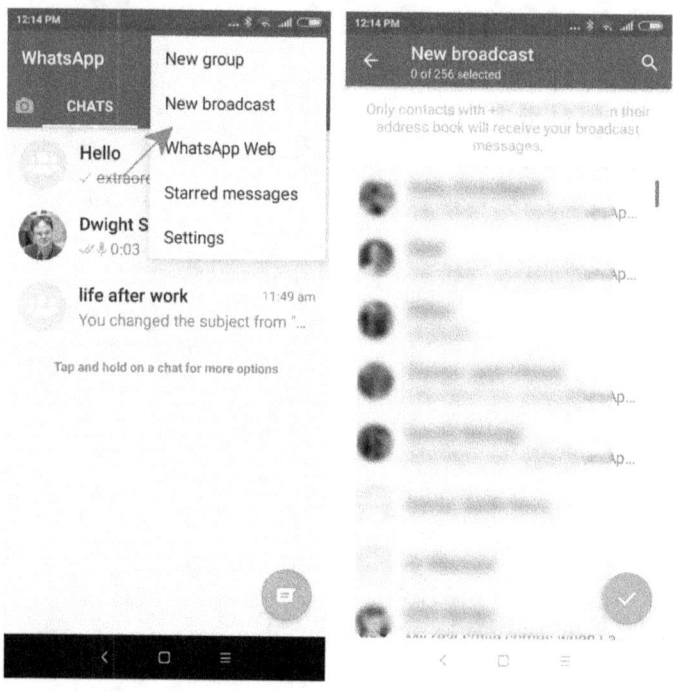

Congratulazioni! Tutti i tuoi inviti sono stati inviati. Spero che arrivino tutti alla tua festa!

CAMBIA SFONDO
DELLO SFONDO

Vorrei personalizzare lo sfondo delle mie chat. Come posso farlo?

iPhone:

sul tuo iPhone fai clic su Impostazioni in basso a destra dello schermo e fai clic su Chat. Nel menu Impostazioni chat seleziona l'opzione Sfondo chat. Qui puoi selezionare dalla Libreria sfondi, Colori solidi o Immagini dalla tua galleria da impostare come sfondo della chat.

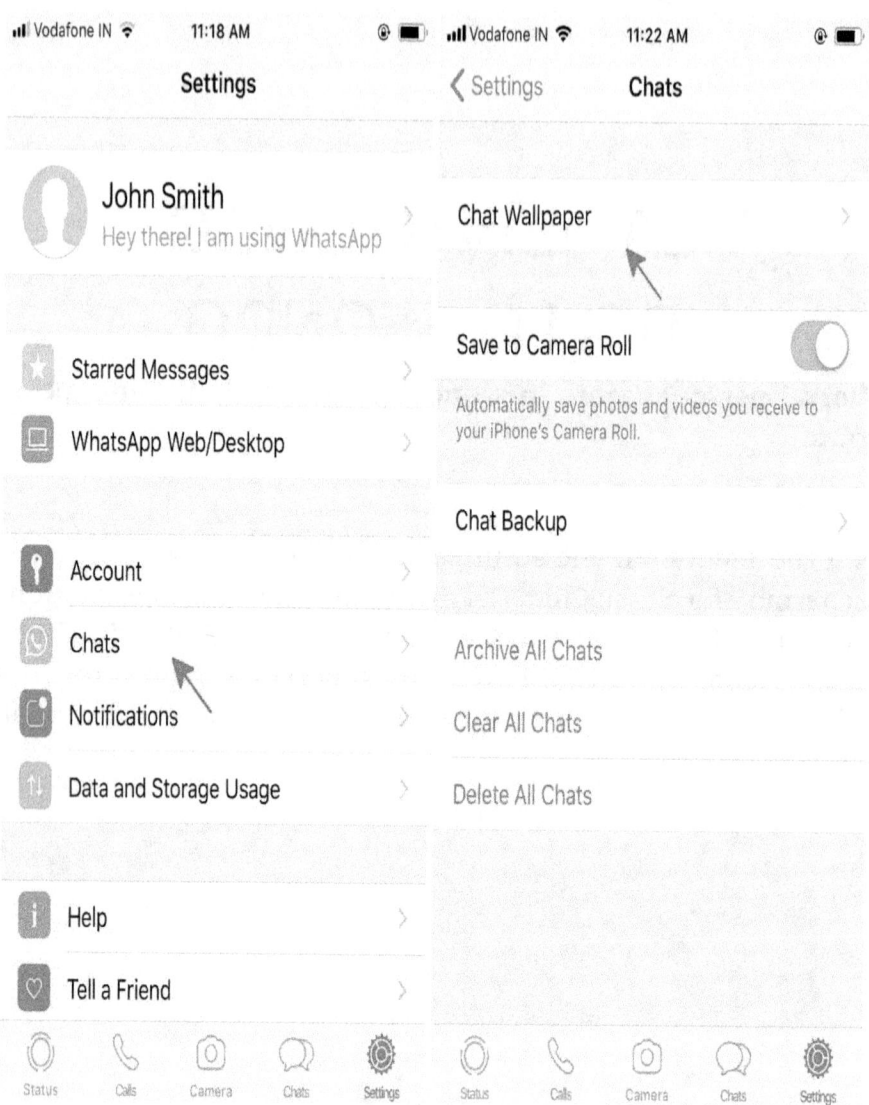

Android:

per cambiare lo sfondo della chat sul tuo smartphone Android seleziona la chat di cui desideri modificare lo sfondo. Fare clic sul menu a 3 punti in alto a destra dello schermo e selezionare "Sfondo". Da qui è possibile selezionare da Libreria sfondi, Colori solidi o Immagini dalla galleria da impostare come sfondo della chat.

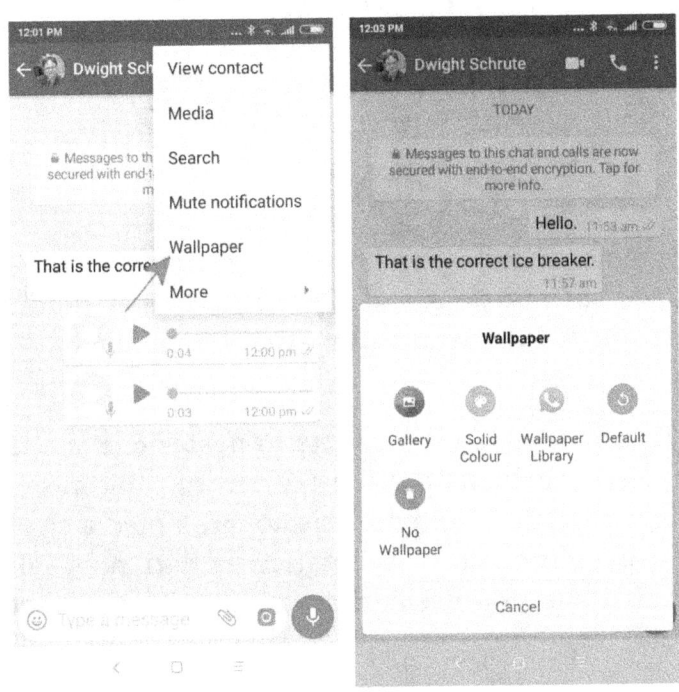

IMPOSTAZIONI DI DOWNLOAD AUTOMATICO DEI MEDIA

Ho un piano dati limitato e vorrei controllare le foto e i video che scarico sul mio telefono. C'è un modo per modificare le impostazioni di download automatico dei media?
iPhone:

sul tuo iPhone fai clic sul pulsante Impostazioni nell'angolo in basso a destra dello schermo e fai clic sul pulsante "Utilizzo dati e archiviazione". Qui puoi selezionare i media che desideri impostare per il download automatico sui dati mobili ei formati multimediali che non desideri scaricare automaticamente sui dati mobili.

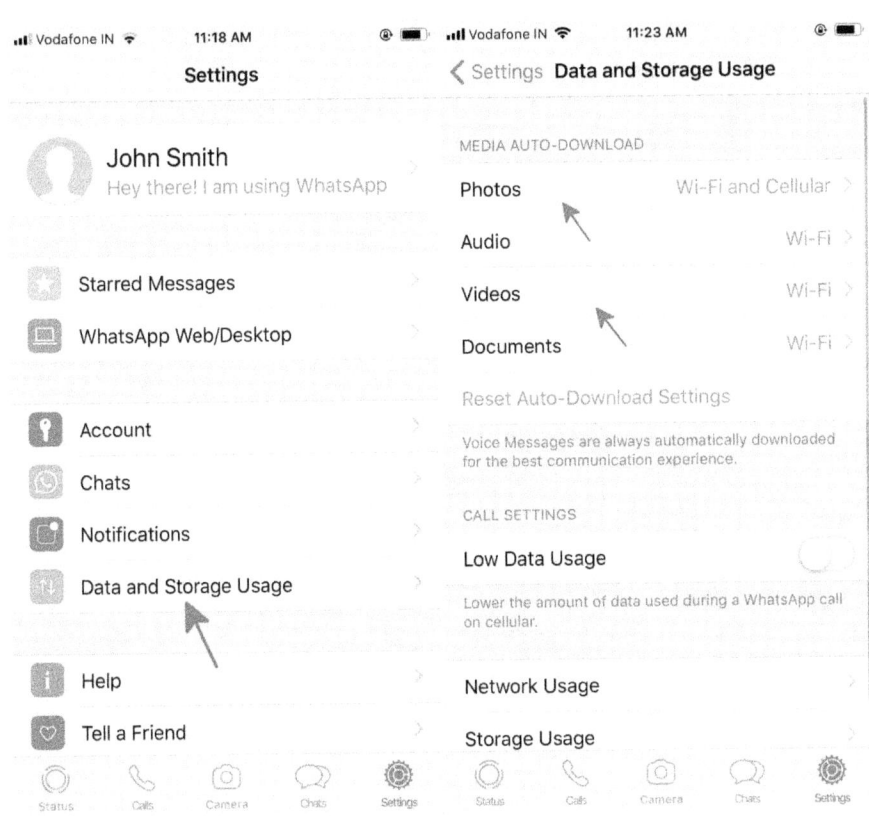

ıll Vodafone IN 📶 11:23 AM ⊕ ▬	**ıll** Vodafone IN 📶 11:23 AM ⊕ ▬
‹ Back **Photos**	‹ Back **Videos**

Photos		Videos	
Never		Never	
Wi-Fi		Wi-Fi	✓
Wi-Fi and Cellular	✓	Wi-Fi and Cellular	

Status	Calls	Camera	Chats	Settings
Status	Calls	Camera	Chats	Settings

Android:

Allo stesso modo sul tuo smartphone Android puoi andare al menu Impostazioni facendo clic sul menu a 3 pulsanti in alto a destra dello schermo e selezionare il pulsante "Utilizzo dati e archiviazione". Qui puoi selezionare i media che desideri impostare per il download automatico sui dati mobili ei formati multimediali che non desideri scaricare automaticamente sui dati mobili.

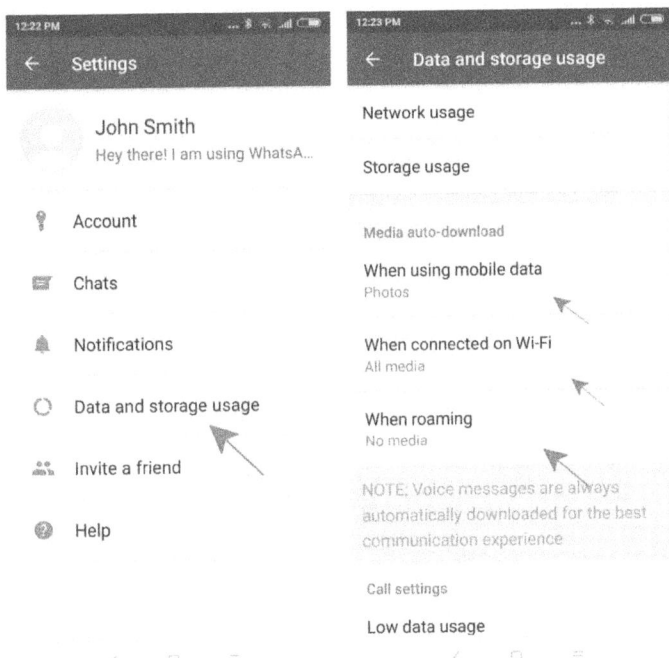

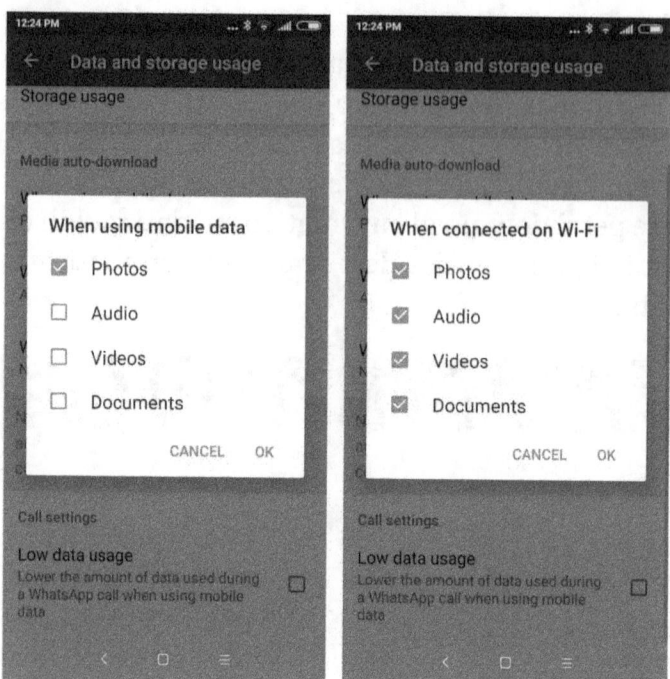

BLOCCA MESSAGGI

Ho ricevuto messaggi di spam da un numero sconosciuto. Cosa posso farci?

Poiché la messaggistica di WhatsApp è così popolare e facile da usare, i messaggi di spam sono uno sfortunato effetto collaterale della popolarità di WhatsApp. Puoi fare due cose per contrastarlo. Per prima cosa puoi bloccare il numero in modo che il numero non possa inviarti messaggi e secondo puoi segnalare il contatto a WhatsApp che bloccherà anche il contatto ed eliminerà tutti i messaggi con quel contatto.

iPhone:

per bloccare / segnalare un contatto sul tuo iPhone, fai clic sulla scheda Contatti nella parte inferiore dello schermo e scorri verso il basso fino al contatto che desideri bloccare. Fare clic sulle informazioni del profilo del contatto e fare clic su "Blocca questo contatto"

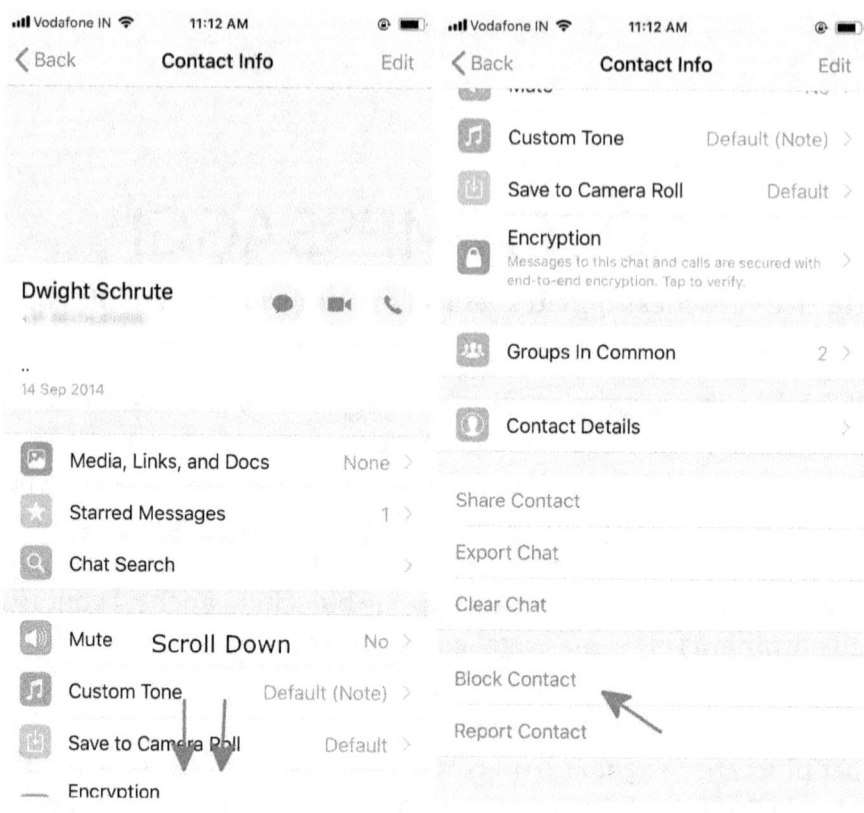

Android:

Per bloccare / segnalare un contatto sul proprio smartphone Android, aprire la chat del contatto che si desidera bloccare / segnalare. Fare clic sul menu a tre pulsanti in alto a destra dello schermo e selezionare "Blocca" o "Segnala" per bloccare o segnalare il contatto contemporaneamente.

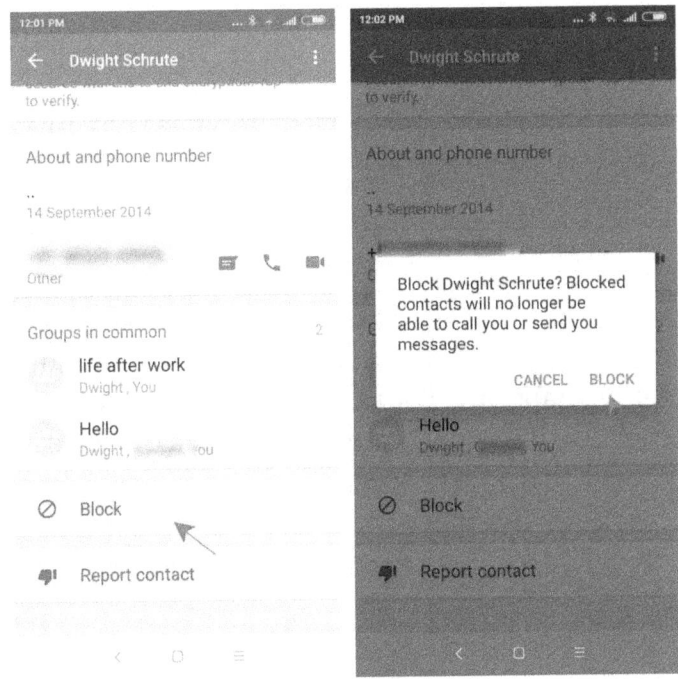

Niente più messaggi di spam inutili per te!

Sapevi che WhatsApp esegue automaticamente il backup di tutti i tuoi messaggi su iCloud sul tuo iPhone e su Google Drive sul tuo smartphone Android? In effetti puoi persino esportare intere chat nella tua email!

DISATTIVA NOTIFICHE

Se sei stufo delle notifiche costanti di un contatto, puoi disattivare le notifiche del contatto. Le chat non lette rimarranno comunque nella schermata della chat anche se non riceverai alcuna notifica aggiuntiva quando il contatto ti invia un nuovo messaggio.

iPhone:

per disattivare l'audio delle notifiche sul tuo iPhone, scorri verso sinistra sulla chat che desideri disattivare. Fare clic sul pulsante "Altro" per visualizzare l'opzione Mute. Qui puoi scegliere di disattivare le notifiche per 8 ore, 1 settimana o 1 anno.

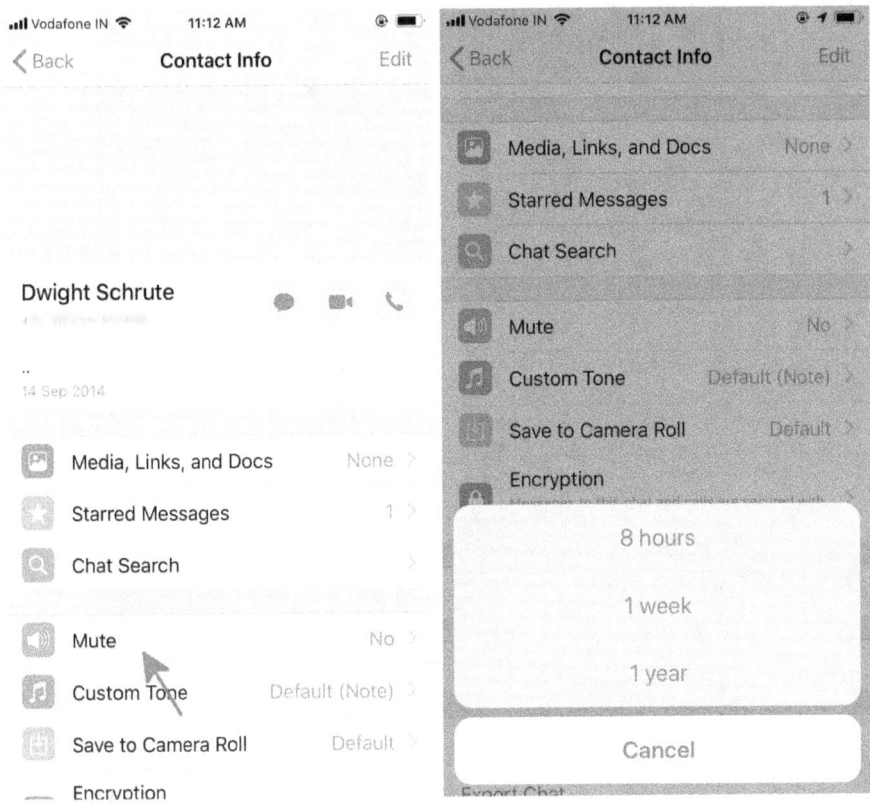

Android:

per disattivare le notifiche sul tuo smartphone Android, fai clic sulla chat che desideri disattivare. Fare clic sul menu a 3 pulsanti in alto a destra dello schermo e fare clic sul pulsante "Disattiva notifiche". Qui puoi scegliere di disattivare l'audio delle notifiche per 8 ore. 1 settimana o 1 anno.

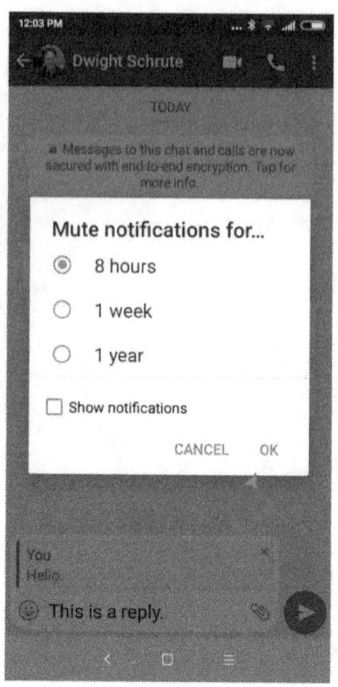

NOTIFICHE CHAT PERSONALIZZATE

WhatsApp ti consente di avere notifiche personalizzate per ogni contatto che ti consentono di sapere se il tuo migliore amico sta chiamando te o il tuo capo solo con il suono della suoneria!

iPhone:

sul tuo iPhone fai clic sulla scheda "Contatti" e seleziona il contatto per il quale desideri ricevere notifiche personalizzate. Seleziona l'opzione "Notifiche personalizzate" e seleziona la suoneria che desideri impostare per quel contatto.

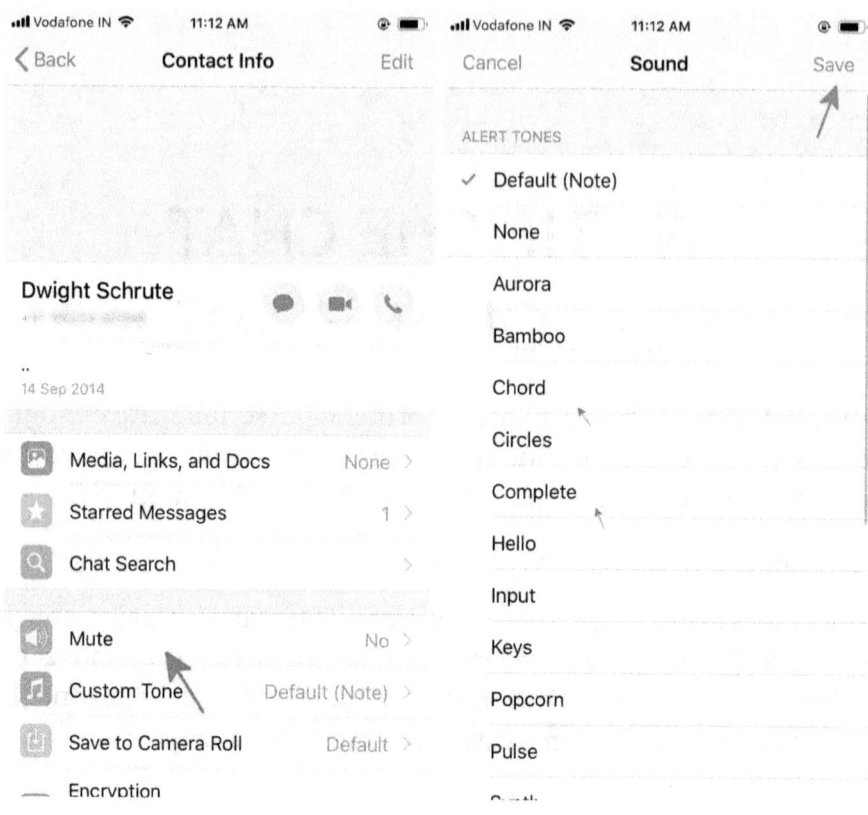

Android:

sul tuo telefono Android per fare ciò devi selezionare il contatto a cui desideri assegnare una suoneria personalizzata dal menu Chat. Nella chat fai clic sul nome del tuo contatto e seleziona "Notifiche personalizzate". Fai clic sulla casella accanto a "utilizza notifiche personalizzate" per abilitare questa funzione.

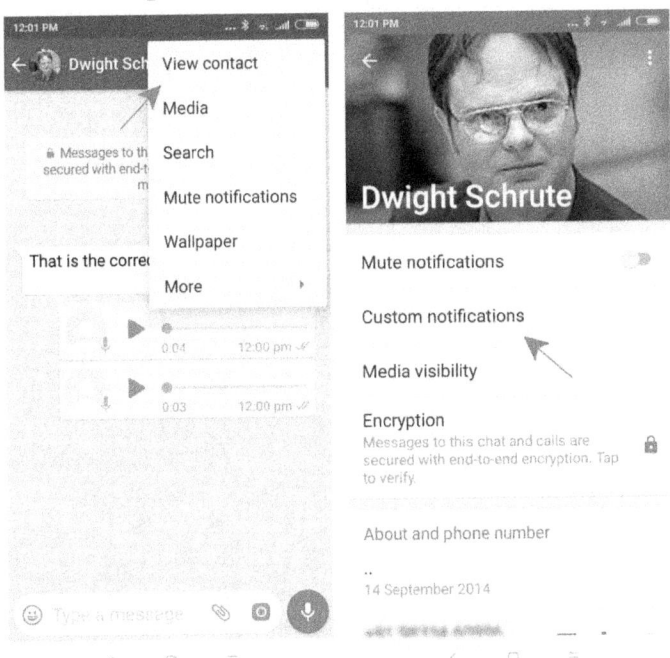

CHAT DI GRUPPO

COME CREO UN GRUPPO WHATSAPP?

Hai amici a cui piace guardare i film degli anni '80 o amici che sono tutti fan del rock classico? Non sarebbe divertente se potessi avere tutti questi amici insieme per discutere dei tuoi interessi comuni? Questo è esattamente il punto in cui entra in gioco la chat di gruppo!

iPhone:

per impostare una nuova chat di gruppo sul tuo iPhone, fai clic sul pulsante Chat nella parte inferiore dello schermo. Qui fare clic sul pulsante "Nuovo gruppo" in alto a destra dello schermo. Da qui puoi selezionare il nome del gruppo e la foto di gruppo. Aggiungi tutti i contatti che desideri aggiungere al gruppo. La persona che crea il gruppo è l'amministratore, che può aggiungere più membri o rimuovere membri esistenti dal gruppo.

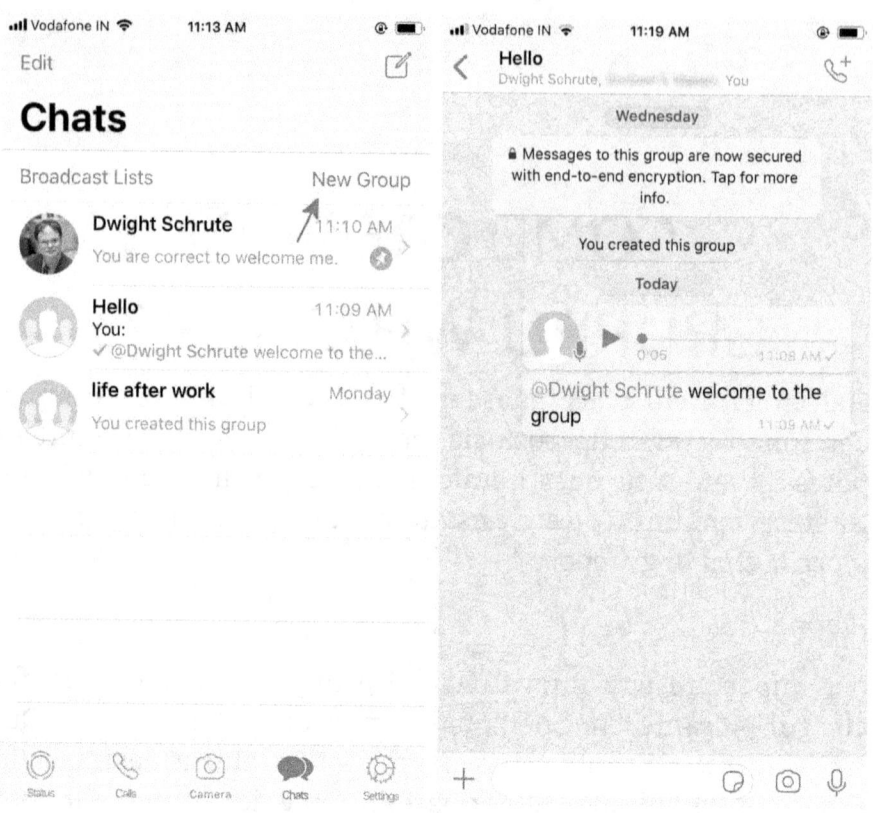

Android:

per impostare una nuova chat di gruppo sul tuo smartphone Android, fai clic sul menu a 3 pulsanti in alto a destra dello schermo o sul pulsante verde in basso a destra nella schermata della chat e fai clic su "Nuovo gruppo" per impostare un nuovo gruppo. Da qui puoi selezionare il nome del gruppo e la foto di gruppo. Aggiungi tutti i contatti che desideri aggiungere al gruppo. La persona che crea il gruppo è l'amministratore, che può aggiungere più membri o rimuovere membri esistenti dal gruppo.

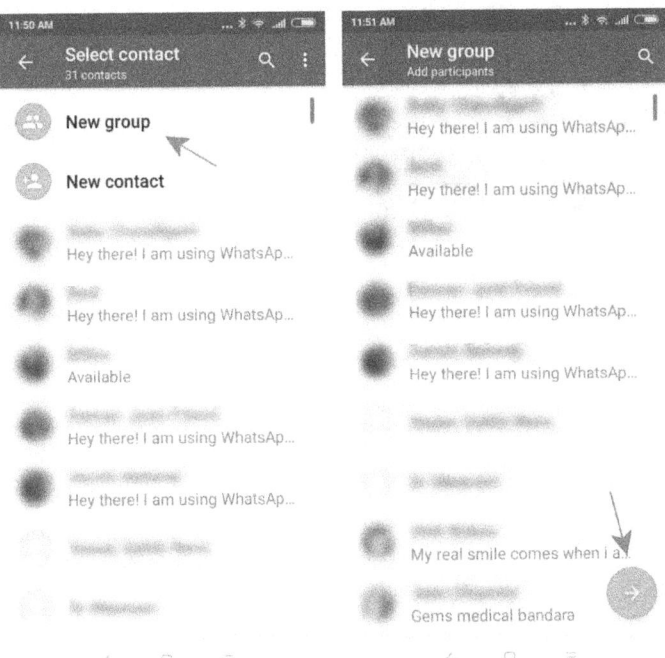

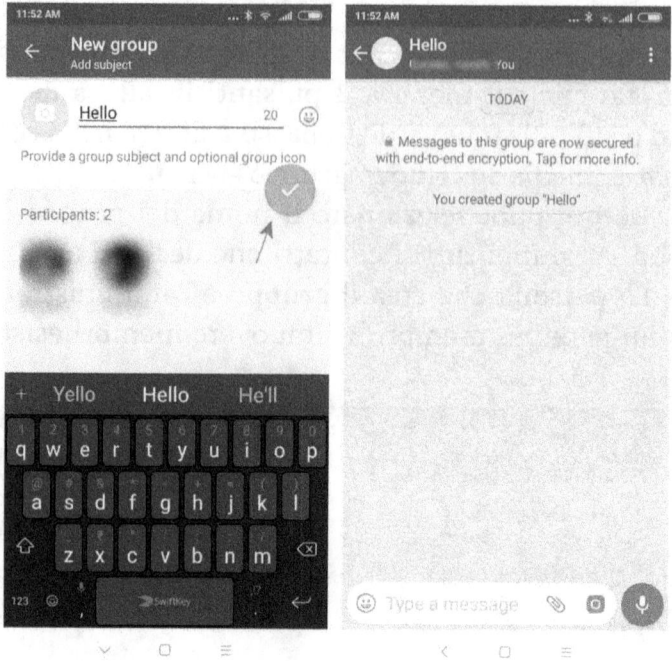

MODIFICA DELL'AMMINISTRATO RE DEL GRUPPO

L'amministratore è troppo occupato per aggiungere ed eliminare i contatti al gruppo. L'amministratore può nominare qualcun altro l'amministratore?

Sì, l'amministratore può rendere chiunque l'amministratore del gruppo. Infatti può rendere più persone l'amministratore del gruppo. If you are the admin of the group click on the group information and click on the contact you want to make admin. From the menu that pops up you can select "Make admin" to make that contact the admin of the group.

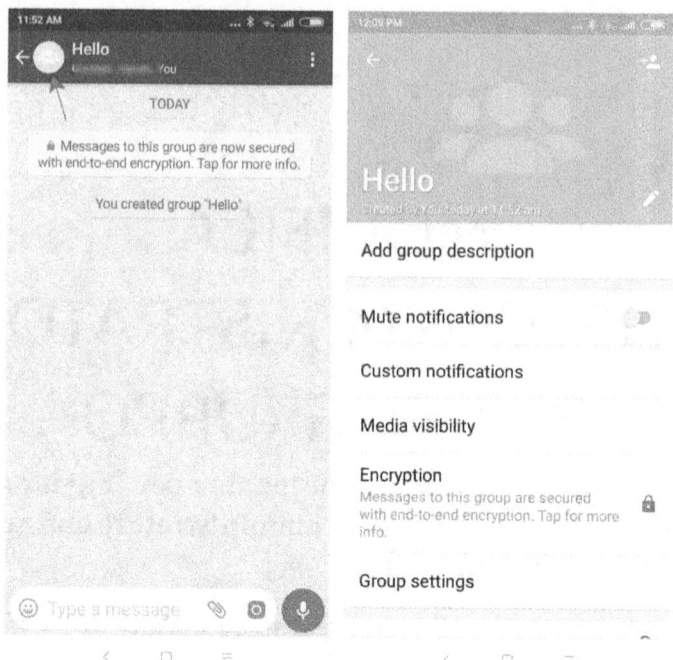

TAGGING A CONTACT IN A GROUP CHAT

While chatting in a group chat you can tag any contact in the group simply by typing @ followed by the contact's name For example if Josh is a part of your Weekend Meetup group and you want to specifically tell John to bring the food you can simply type "@John Please bring the food for us hungry souls!" John gets a separate notification in the group chat that informs him that he has been tagged and he can directly jump to that message.

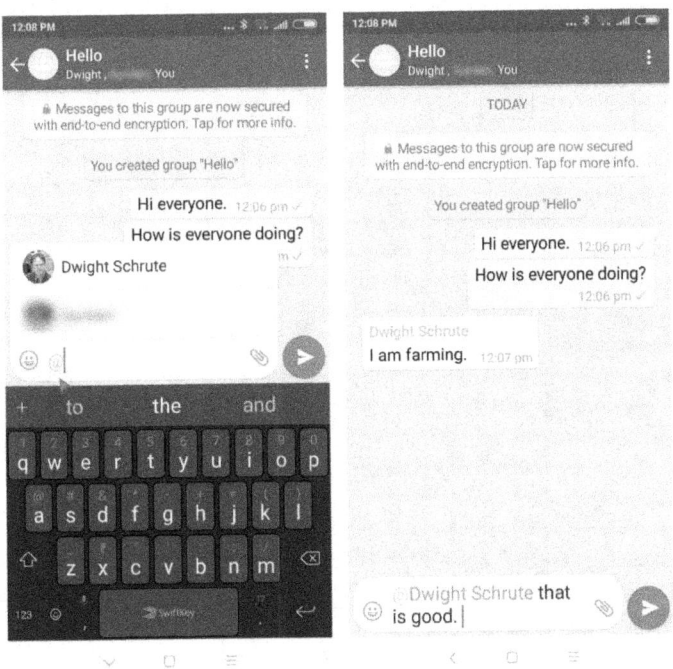

ADD OR DELETE CONTACTS IN A WHATSAPP GROUP.

From the group information menu you can also delete the contact from the group by click on the contact you want to delete and selecting the remove contact option from the menu that pops up.

On the same screen you can click on "Add participants" to add contacts to the group.

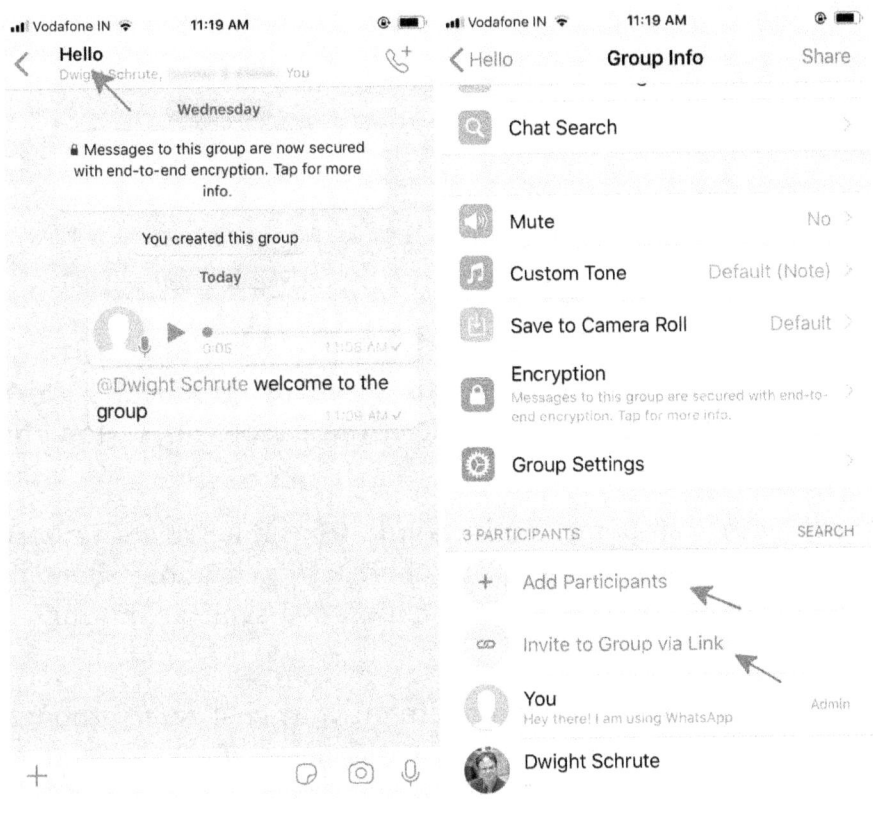

MUTE GROUP NOTIFICATIONS

My friends have added me to so many groups!!! I can't handle the hundreds of notifications!! How do I stop the notifications?!

Don't worry stopping notifications for group chats is very simple and none of the group members will know about it. The process of muting a group chat is the same as muting an individual chat.

The unread chats will still remain on your chat screen though you will not get any additional notification when the contact sends you a new message.

To mute notifications on your iPhone swipe left on the group chat you want to mute. Click on the "More" button to reveal the Mute option. Here you can select to mute notifications for 8 hrs, 1 week or 1 year.

To mute notifications on your Android smartphone click on the group chat you want to mute. Click on the 3 button menu to the top right of the screen and click on the "Mute notifications" button. Here you can select to mute notifications for 8 hrs, 1 week or 1 year.

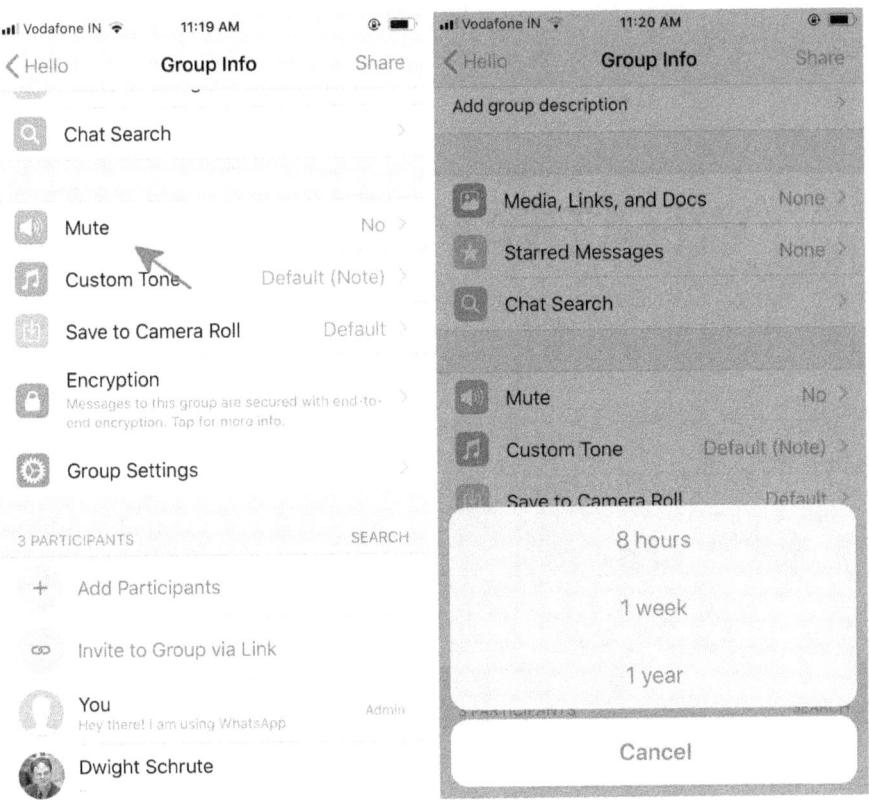

WHATSAPP CALLING

COS'È WHATSAPP CALLING?

La chiamata WhatsApp è un servizio che consente alle persone di qualsiasi parte del mondo di parlare tra loro tramite Internet. Puoi avere una conversazione con un massimo di 4 persone alla volta e questo può essere fatto tramite chiamate audio o video. A parte il costo dell'utilizzo dei dati, non ci sono costi aggiuntivi associati a questo servizio.

Quindi potresti essere seduto in Inghilterra e il tuo amico potrebbe essere seduto in Australia e potresti avere una conversazione gratuita !!

IN CHE MODO LE CHIAMATE WHATSAPP SONO DIVERSE DALLE CHIAMATE TELEFONICHE STANDARD?

Le chiamate telefoniche standard hanno un costo addebitato dal vettore per ogni minuto di chiamata effettuata. Sono previsti costi di roaming aggiuntivi quando non ti trovi nel tuo paese o stato o se desideri chiamare qualcuno al di fuori del tuo paese. È qui che le chiamate WhatsApp sono utili. Hai solo bisogno di una connessione Internet per effettuare una chiamata.

WhatsApp fornisce anche un processo molto conveniente di videochiamata con un massimo di 4 amici contemporaneamente. Inoltre, le chiamate WhatsApp ti consentono di videochiamare chiunque, indipendentemente dal telefono che utilizza, purché abbia installato WhatsApp. Gli utenti iPhone possono chiamare gli utenti Android e viceversa e, naturalmente, gli utenti iPhone possono chiamare gli utenti Android e gli utenti Android.

EFFETTUARE UNA CHIAMATA WHATSAPP

Ok, sono pronto a chiamare il mio amico su WhatsApp. Come posso farlo?

iPhone:

sul tuo iPhone apri WhatsApp e vai all'amico che vuoi chiamare. Puoi farlo in tre modi.

1. Selezionando la tua conversazione di testo con quell'amico e facendo clic sul logo del telefono nella parte superiore dello schermo. Questo avvierà una chiamata audio. Per avviare una videochiamata è necessario fare clic sull'icona del registratore della videocamera a sinistra dell'icona del telefono

2. Selezionando l'icona del telefono nella parte inferiore dello schermo per portarti alla scheda delle chiamate e selezionando l'icona del telefono su quella schermata che si trova per nell'angolo in alto a destra. Si apre l'elenco dei contatti da cui è possibile selezionare il contatto con cui si desidera avviare una chiamata audio.

3. Facendo clic sull'immagine di visualizzazione del tuo amico nella scheda Chat che ti dà le opzioni per selezionare il pulsante del telefono per avviare una chiamata audio e il pulsante della videocamera per avviare una videochiamata

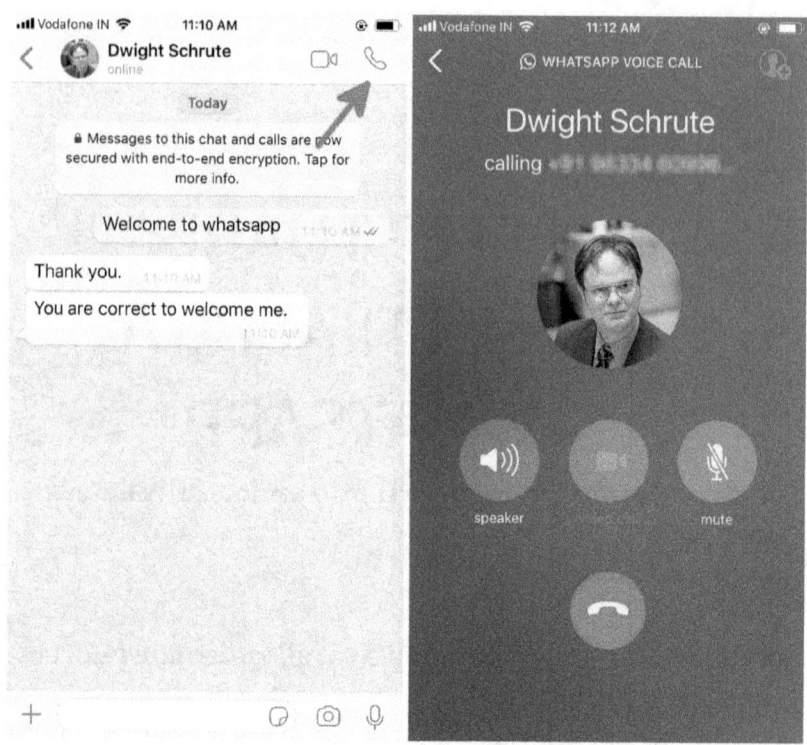

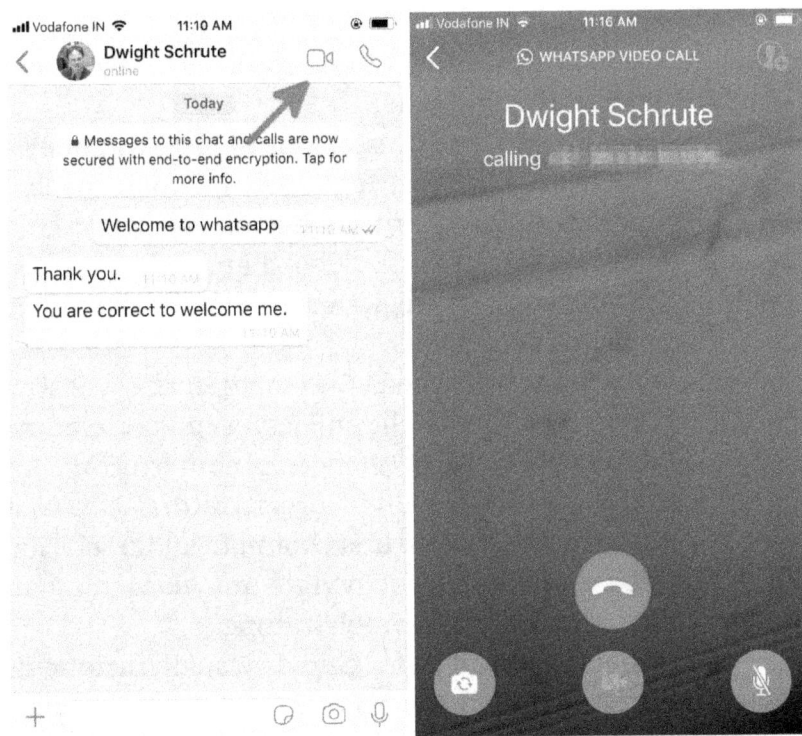

Android:

Sul tuo telefono Android apri WhatsApp e vai all'amico chi vuoi chiamare. Puoi farlo in tre modi:

1. selezionando la conversazione di testo con quell'amico e facendo clic sul logo del telefono nella parte superiore dello schermo. Questo avvierà una chiamata audio. Per avviare una videochiamata è necessario fare clic sull'icona del registratore videocamera a sinistra dell'icona del telefono

2. selezionando la scheda Chiamate in alto a destra dello schermo e facendo clic sull'icona con un telefono e un simbolo '+'. Si aprirà l'elenco dei contatti con il logo del telefono e il logo del videoregistratore accanto a ogni contatto. Per avviare una chiamata audio selezionare il logo del telefono e per avviare una videochiamata fare clic sul logo del videoregistratore.

3. Facendo clic sull'immagine di visualizzazione del tuo amico nella scheda Chat che ti dà le opzioni per selezionare il pulsante del telefono per avviare una chiamata audio e il pulsante della videocamera per avviare una videochiamata

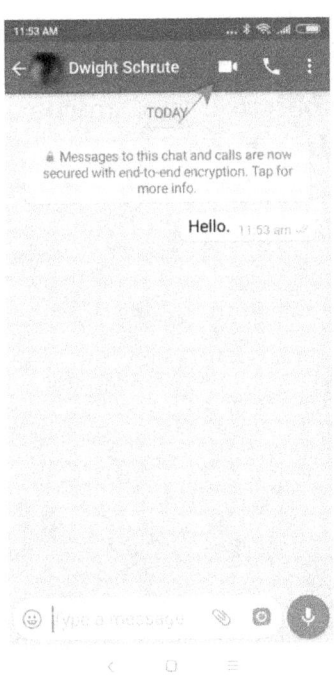

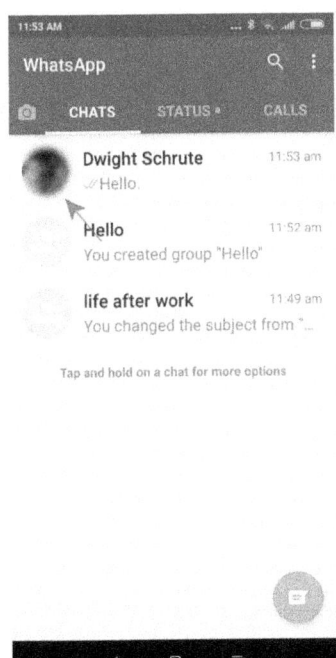

Congratulazioni, hai chiamato con successo il tuo amico. Ora in base a quanto è felice o arrabbiato il tuo amico con te nel momento in cui la chiamata andrà a buon fine!

RICEVERE UNA CHIAMATA AUDIO O UNA VIDEOCHIAMATA

iPhone:

sul tuo iPhone ci sono alcune cose che puoi fare mentre ricevi una chiamata. Quando ricevi una chiamata ci sono quattro pulsanti su cui puoi fare clic: Ricordamelo, Messaggio, Accetta e Rifiuta

Per accettare una chiamata WhatsApp in arrivo devi fare clic sul pulsante verde sopra Accetta. Allo stesso modo per rifiutare una chiamata è necessario premere il pulsante rosso.

Se sei occupato e non puoi rispondere alla chiamata in quel momento, puoi selezionare l'opzione Messaggio. Ciò ti consente di rifiutare la chiamata in arrivo e inviare un messaggio predefinito o un messaggio personalizzato di tua scelta al tuo amico informandolo che sei occupato in questo momento e non puoi parlare in questo momento.

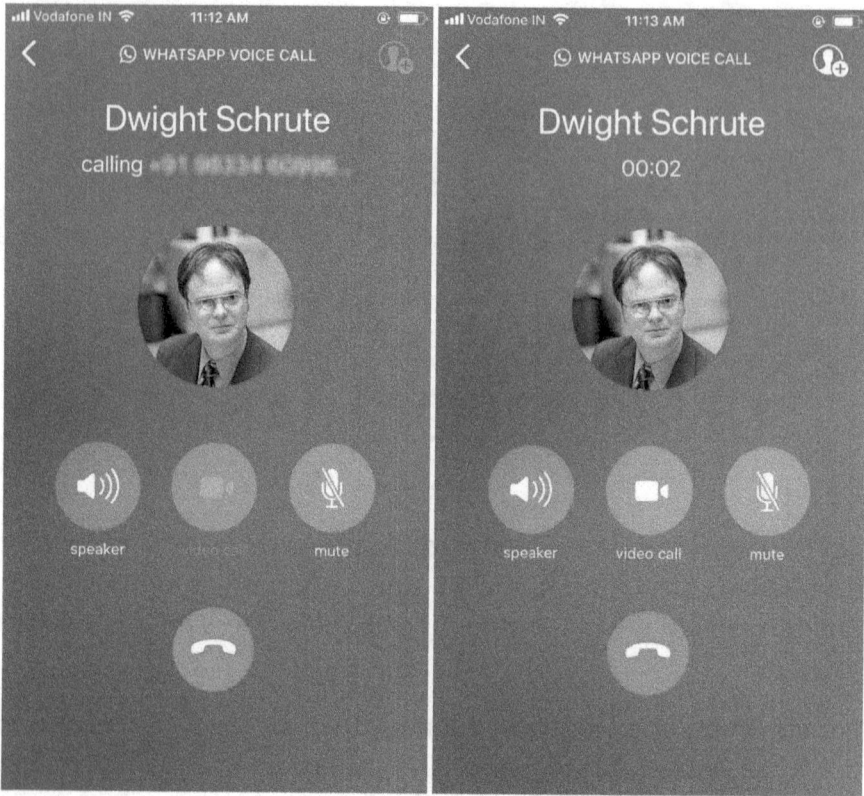

Android:

sul tuo telefono Android puoi ricevere una chiamata scorrendo verso l'alto sul pulsante verde accetta al centro dello schermo. Puoi rifiutare la chiamata scorrendo verso l'alto sul pulsante rosso di rifiuto a sinistra dello schermo. Se sei impegnato e desideri inviare al tuo amico un messaggio veloce indicando lo stesso puoi scorrere sul pulsante del messaggio a destra dello schermo.

TORNANDO A MESSAGGI

Sto parlando con un amico e voglio tornare ai miei messaggi WhatsApp. Posso farlo mentre parlo ancora con il mio amico su una chiamata WhatsApp?

Il mio amico multitasking ovviamente puoi! Mentre parli con il tuo amico c'è un pulsante "Messaggio" su cui puoi fare clic per passare alla finestra della chat mentre parli con il tuo amico. Puoi tornare alla scheda Chat e iniziare a inviare messaggi a tutti i tuoi amici mentre continui la conversazione attuale.

iPhone:

sul tuo iPhone fai semplicemente clic sulla freccia in alto a sinistra dello schermo durante la chiamata WhatsApp per tornare alla schermata della chat.

Android:

sul tuo telefono Android premi semplicemente il pulsante Indietro durante una chiamata WhatsApp per tornare ai tuoi messaggi. Puoi premere la barra verde in alto per tornare alla chiamata WhatsApp come quando richiesto. C'è una scheda verde nella parte superiore dello schermo se vuoi tornare al menu delle chiamate di WhatsApp.

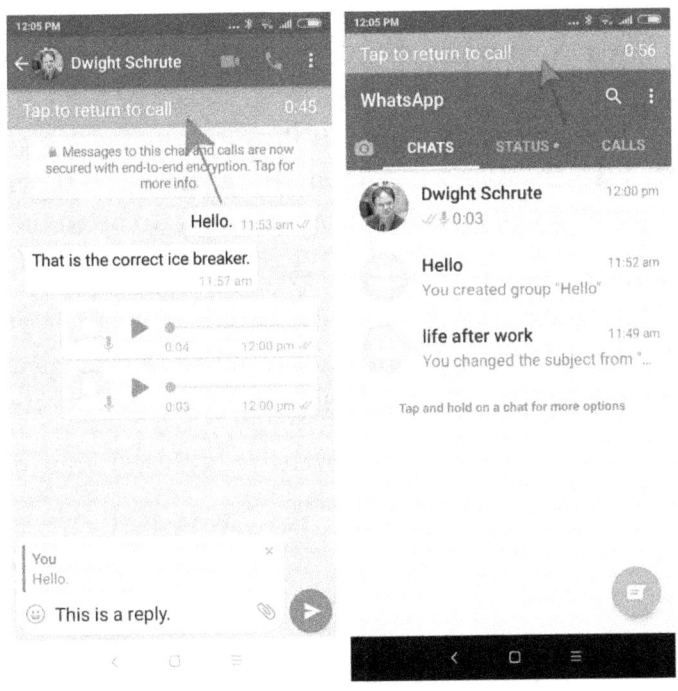

PASSARE DA UNA CHIAMATA AUDIO A UNA VIDEOCHIAMATA

E se sono in chiamata audio con il mio amico e voglio vedere il suo bel viso tramite una videochiamata. Devo terminare di nuovo la chiamata e la videochiamata o c'è un altro modo?

Non è affatto necessario terminare la chiamata. WhatsApp fornisce un pulsante di videochiamata sulla schermata di chiamata che ti consente di passare senza problemi tra chiamate audio e video. È disponibile su telefoni Android e iPhone.

Insieme a questo puoi anche disattivare la chiamata e terminare la chiamata dalla stessa schermata.

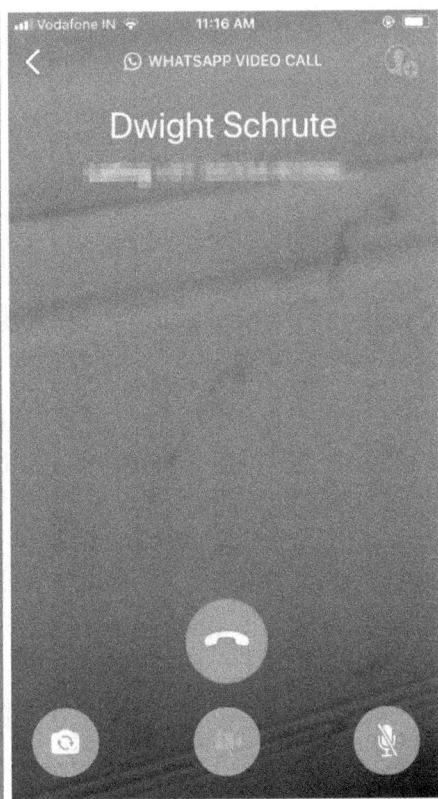

CHIAMATA DI GRUPPO

Ora, se ti stai chiedendo se puoi parlare con più di 1 tuo amico alla volta, puoi farlo sicuramente!

Puoi infatti effettuare chiamate audio o videochiamate fino a 4 amici contemporaneamente. Ecco come lo fai. Avvii una chiamata audio o una videochiamata con un tuo amico come descritto in precedenza. Da qui chiunque di voi può aggiungere amici alla chiamata facendo clic sul pulsante della chiamata in conferenza (pulsante con una faccia e un pulsante +) e aggiungendo l'amico che si desidera alla chiamata di gruppo. Lo schermo si divide in due, tre o quattro parti per mostrare tutti i tuoi amici nella chiamata di gruppo e puoi tranquillamente parlare con tutti i tuoi amici seduti in qualsiasi parte del mondo.

MODALITÀ DATI BASSI:

ho dati limitati sul mio piano e non ho la connessione Internet più veloce ovunque. Le chiamate WhatsApp funzioneranno ancora?

Sì, le chiamate WhatsApp funzionano bene con connessioni dati lente. Le chiamate WhatsApp funzionano bene anche su connessioni 2G. In effetti, esiste un'opzione per utilizzare meno dati durante la chiamata WhatsApp. Nelle impostazioni in Utilizzo dati e archiviazione è possibile selezionare l'opzione Basso utilizzo dati che riduce l'utilizzo dei dati quando non si è connessi alWi-Fi

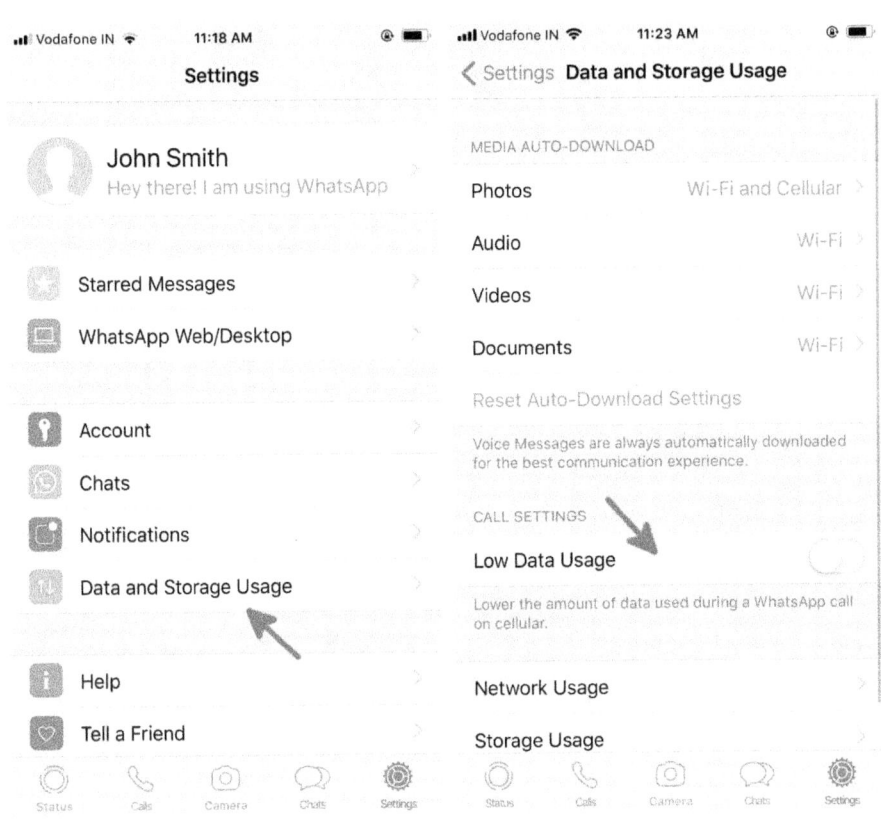

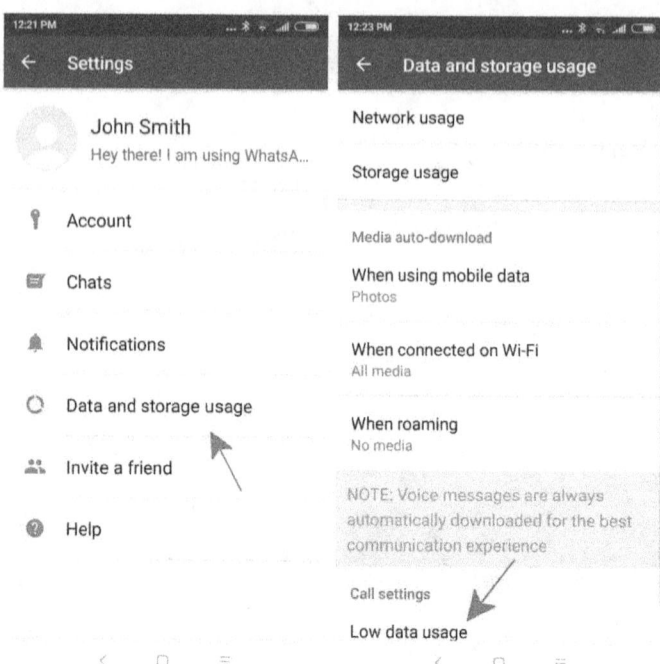

REGISTRO DELLE CHIAMATE PERSE

Dove posso vedere le chiamate perse, le chiamate ricevute e le chiamate effettuate da me?

Sul tuo iPhone seleziona la scheda Chiamate nella parte inferiore dello schermo. Su un telefono Android questa scheda si trova nella parte superiore dello schermo a destra della scheda Stato. Qui puoi vedere le chiamate perse indicate dalla freccia rossa rivolta verso l'interno, le chiamate ricevute indicate da una freccia verde che punta verso l'interno e le chiamate effettuate da una freccia verde rivolta verso l'esterno

Puoi fare clic sui tre pulsanti in alto sullo schermo e selezionare Cancella Accedi per cancellare tutte le chiamate su questa schermata

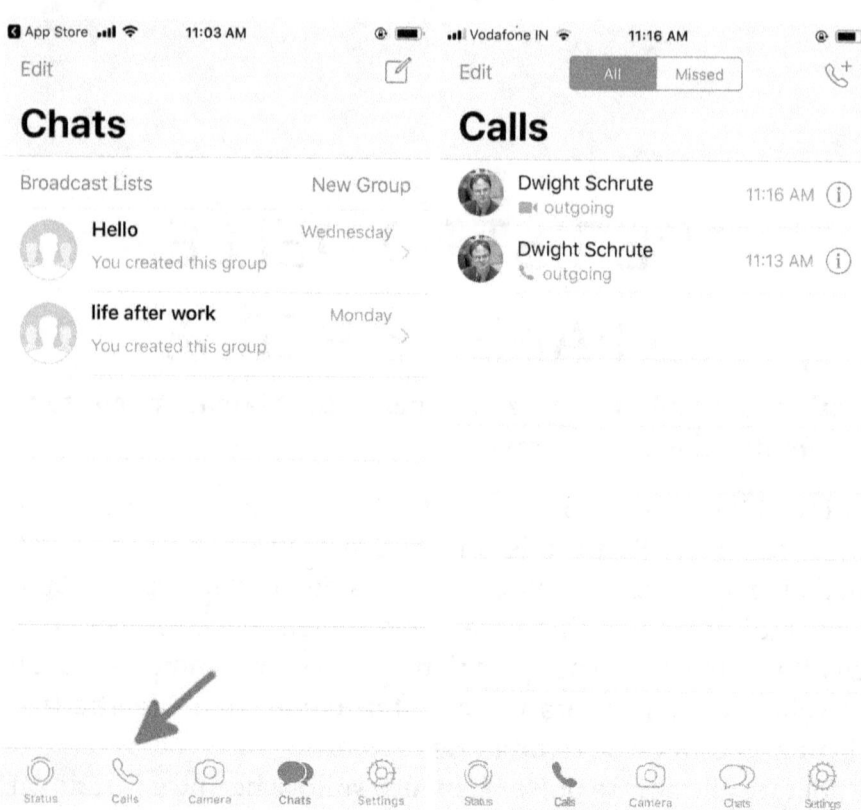

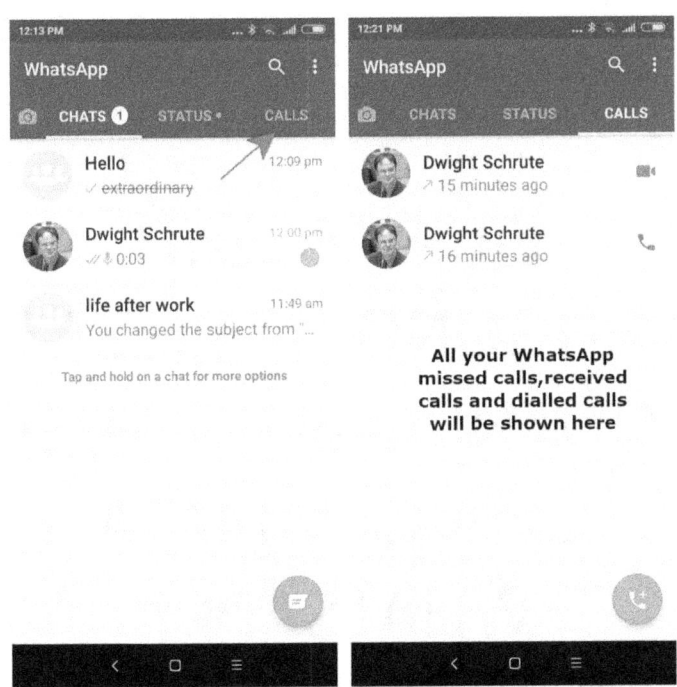

**All your WhatsApp
missed calls,received
calls and dialled calls
will be shown here**

QUANTI DATI VENGONO UTILIZZATI QUANDO EFFETTUO UNA CHIAMATA WHATSAPP?

Chiamata audio WhatsApp di 5 min (2 partecipanti): 1,4 MB
Chiamata audio WhatsApp di 5 min (3 partecipanti): 1,5 MB
Chiamata audio WhatsApp di 5 min (4 partecipanti): 3,1 MB

Videochiamata WhatsApp di 5 min (2 partecipanti): 25 MB
5 min Videochiamata WhatsApp (3 partecipanti): 30 MB
5 min Videochiamata WhatsApp (4 partecipanti): 31 MB

Basso consumo di dati abilitato:

5 min Chiamata audio WhatsApp (2 partecipanti): 1,0 MB
5 min Chiamata audio WhatsApp (3 partecipanti): 1,3 MB
5 min Chiamata audio WhatsApp (4 partecipanti): 2,6 MB

5 min Videochiamata WhatsApp (2 partecipanti): 23 MB
5 min Videochiamata WhatsApp (3 partecipanti): 25 MB
5 min Videochiamata WhatsApp (4 partecipanti): 28 MB

* Si prega di utilizzare i dati sopra come dati approssimativi

che verranno utilizzati durante la creazione di una chiamata
WhatsApp

MODIFICA SUONERIA

C'è un modo per me di cambiare la mia suoneria per le chiamate WhatsApp?

Sul tuo telefono Android per cambiare la suoneria delle tue chiamate WhatsApp devi andare al menu delle impostazioni in WhatsApp. Nel menu delle impostazioni selezionare "Notifiche". Scorri verso il basso fino a Suoneria e selezionalo per scegliere da un elenco di suonerie. È possibile visualizzare in anteprima la suoneria quando si fa clic sulla suoneria.

Insieme a questo puoi anche modificare le impostazioni di vibrazione quando ricevi una chiamata WhatsApp. È possibile mantenere la vibrazione predefinita, disattivata, breve o lunga, secondo la propria scelta.

SUONERIE CHAT PERSONALIZZATE

Sapevi che puoi selezionare suonerie WhatsApp diverse per contatti diversi?

WhatsApp ti consente di avere notifiche personalizzate per ogni contatto che ti consentono di sapere se il tuo migliore amico sta chiamando te o il tuo capo solo con il suono della suoneria!
iPhone:

sul tuo iPhone fai clic sulla scheda "Contatti" e seleziona il contatto per il quale desideri ricevere notifiche personalizzate. Seleziona l'opzione "Notifiche personalizzate" e seleziona la suoneria che desideri impostare per quel contatto.

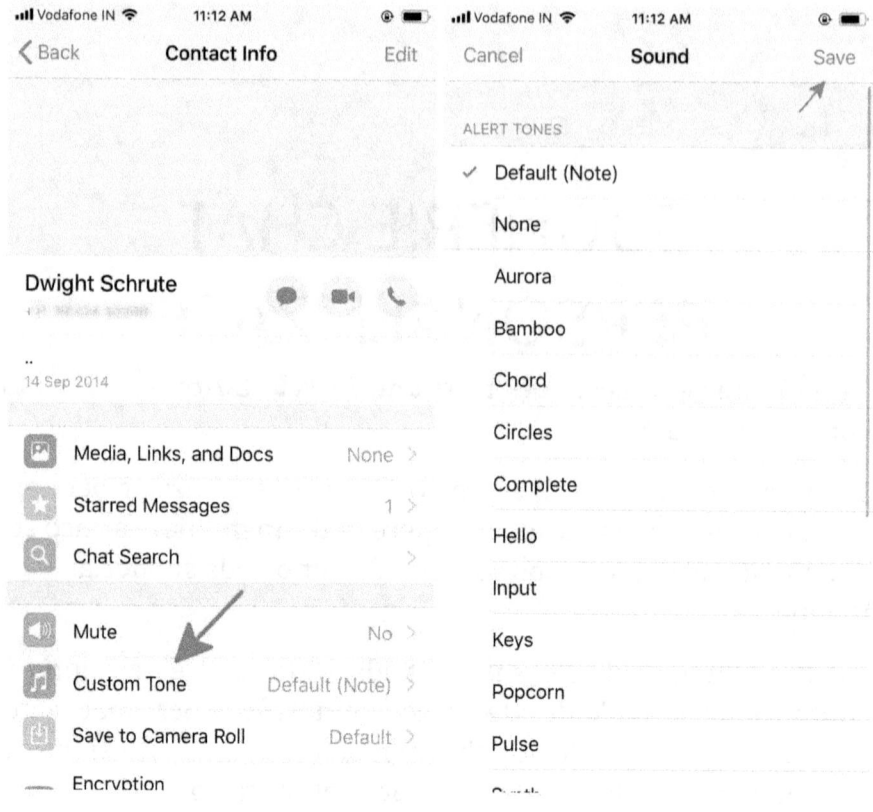

Android:

sul tuo telefono Android per fare ciò devi selezionare il contatto a cui desideri assegnare una suoneria personalizzata dal menu Chat. Nella chat fai clic sul nome del tuo contatto e seleziona "Notifiche personalizzate". Fai clic sulla casella accanto a "utilizza notifiche personalizzate" per abilitare questa funzione. È ora possibile selezionare le impostazioni di suoneria e vibrazione per questo contatto specifico.

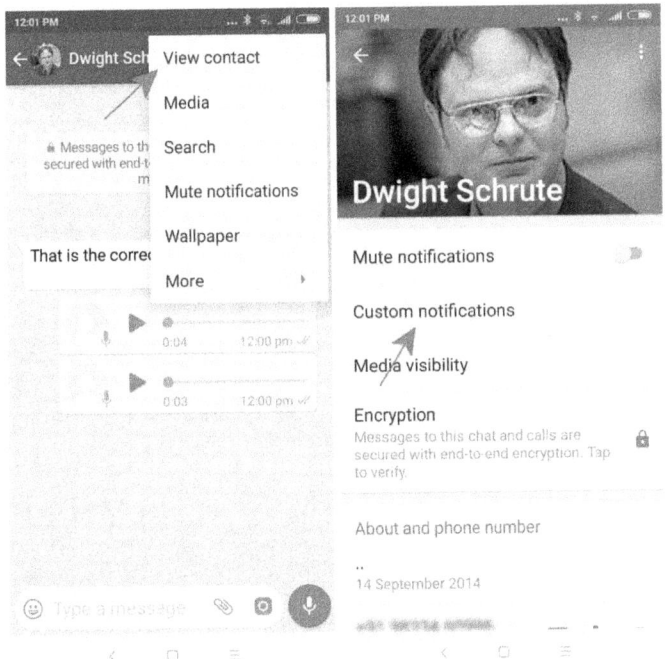

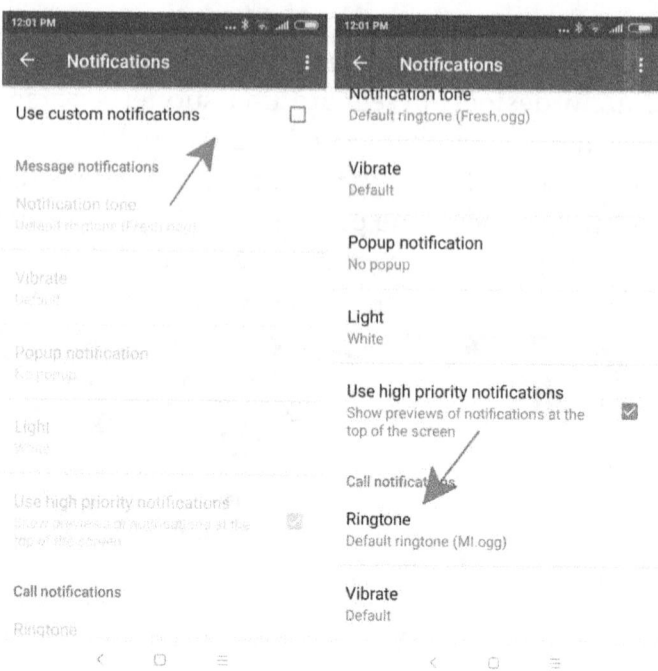

AGGIORNAMENTO DELLO STATO DI WHATSAPP LO STATO DI

WhatsApp è iniziato come una frase che tutti i tuoi contatti potevano vedere attraverso la quale puoi condividere il tuo stato d'animo o stato d'animo attuale. Ora è cresciuto molto di più. Ora puoi utilizzare immagini, video e persino GIF per condividere gli avvenimenti della tua giornata. L'aggiornamento dello stato scompare 24 ore. dal momento della pubblicazione. L'aggiornamento dello stato di WhatsApp è effettivamente storie di Instagram per WhatsApp.

COME IMPOSTO IL MIO STATO DI WHATSAPP?

iPhone:

su un iPhone si arriva alla schermata di aggiornamento dello stato facendo clic sul pulsante di stato in basso a sinistra. Puoi fare clic su Il mio stato o sul logo della fotocamera a destra per aggiungere un'immagine, un video o una GIF come aggiornamento dello stato.

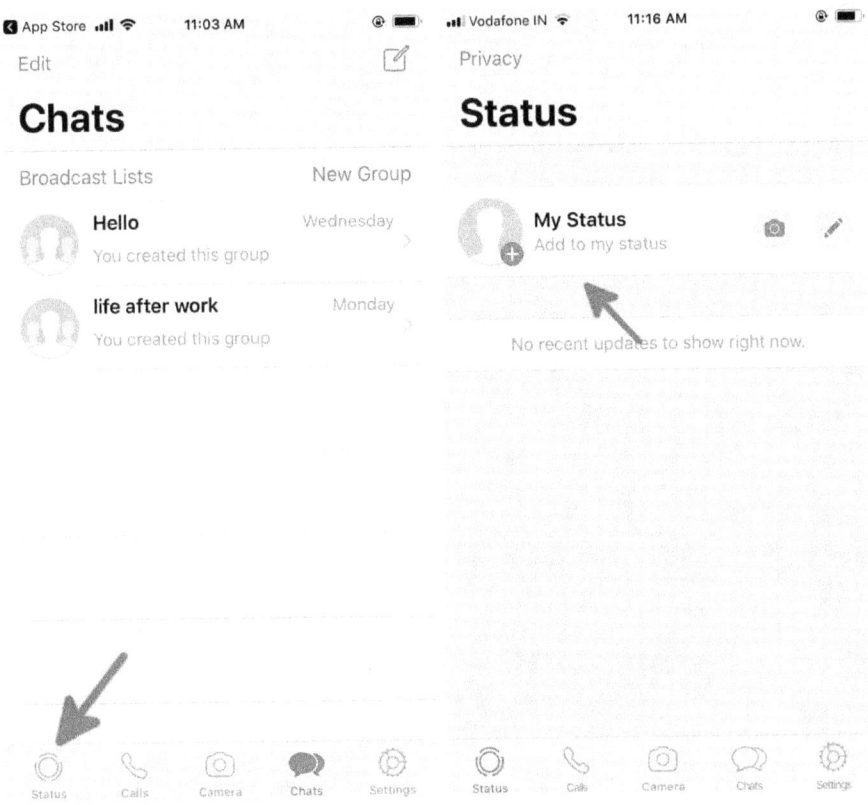

È possibile fare clic su una nuova immagine o video oppure selezionare un'immagine o un video dalla galleria del telefono. Puoi modificare l'immagine / video, aggiungere emoji, scrivere testo e persino scarabocchiarci sopra. Puoi anche utilizzare la casella "aggiungi didascalia" per aggiungere una didascalia all'aggiornamento dello stato.

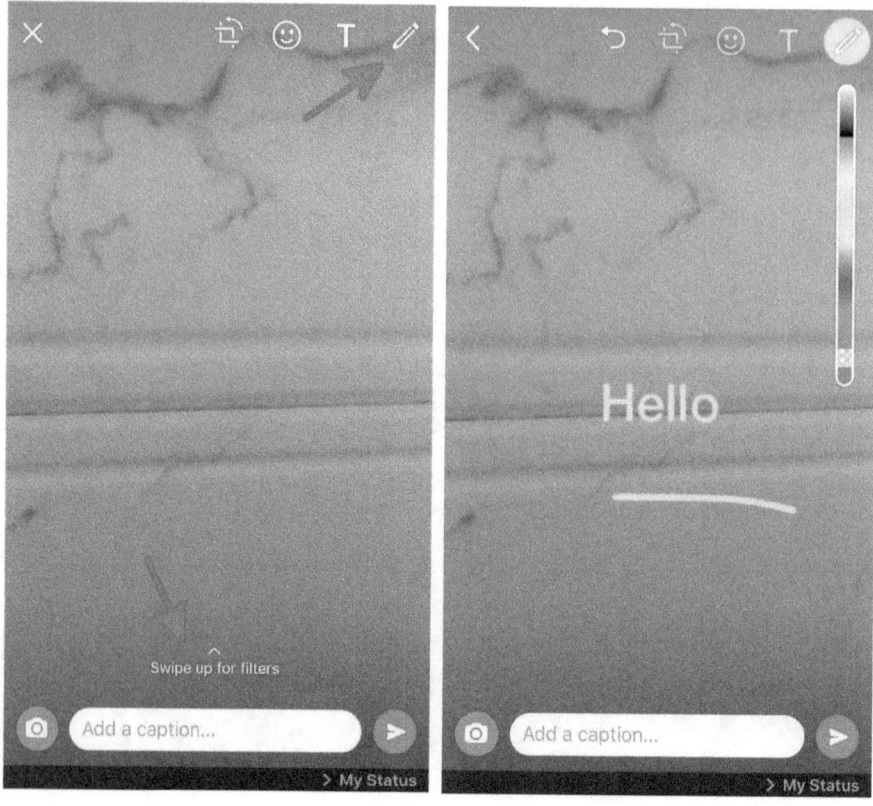

Puoi aggiungere filtri alla tua foto scorrendo verso l'alto sullo schermo. Per i video puoi convertire il video in una GIF facendo clic sul pulsante GIF nella parte superiore della schermata di modifica.

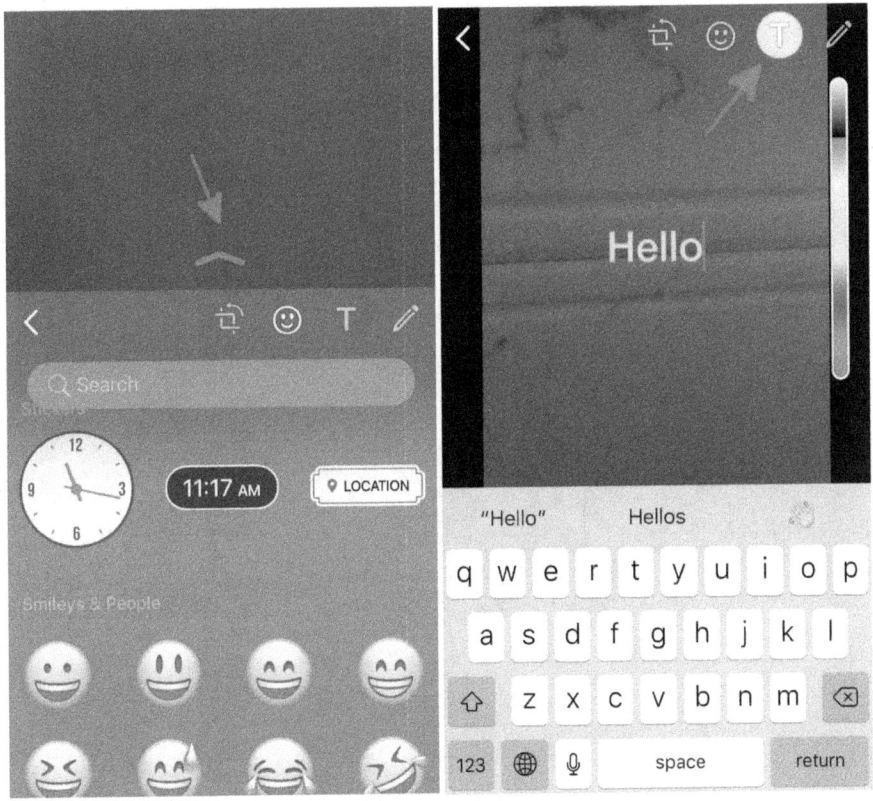

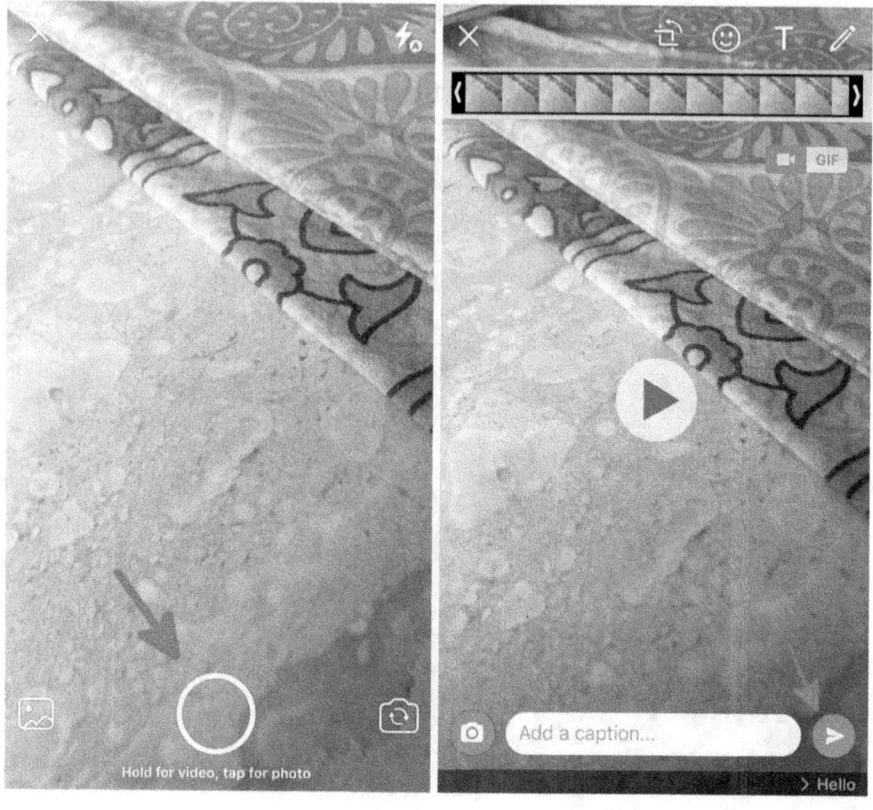

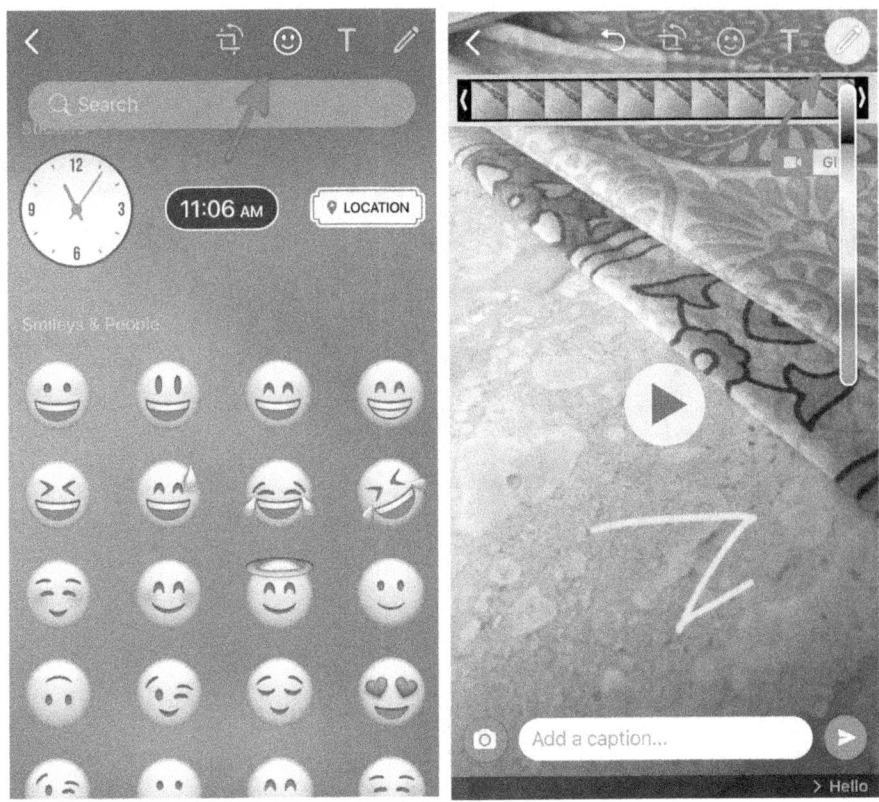

Per aggiungere solo testo al tuo aggiornamento di stato puoi selezionare il pulsante con la matita a destra del pulsante Il mio stato. Puoi cambiare il carattere del testo, puoi cambiare lo sfondo del testo e puoi anche aggiungere emoji all'aggiornamento dello stato del testo.

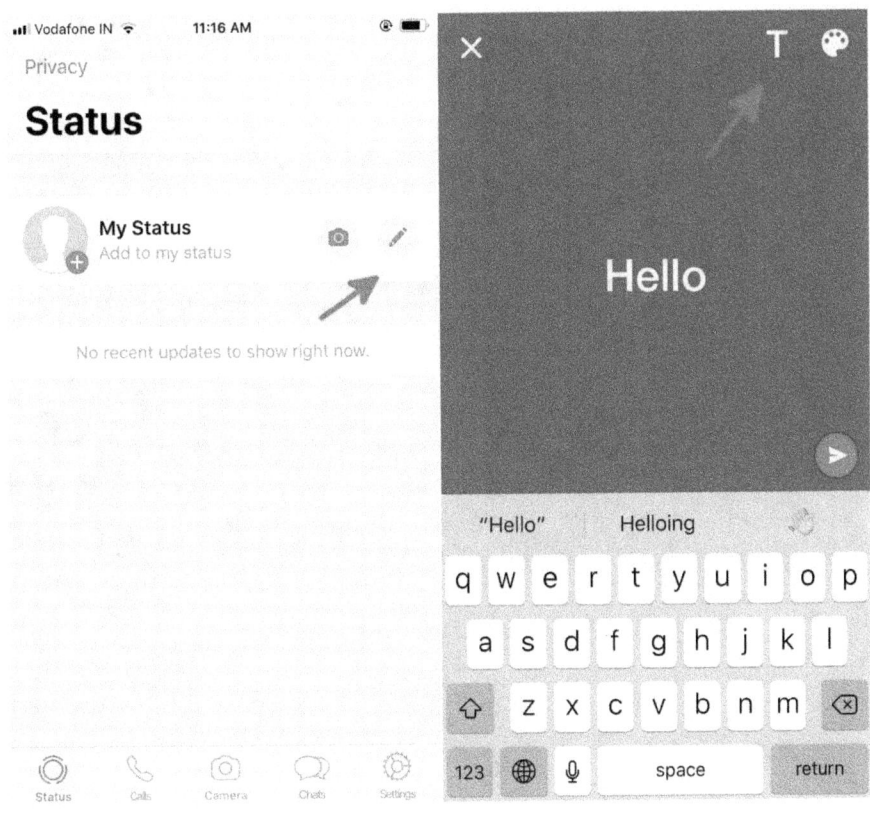

Android:

sul tuo smartphone Android fai clic sulla scheda Stato accanto alla scheda Chat nella parte superiore dello schermo. Da questa schermata ci sono un paio di modi in cui puoi aggiornare il tuo stato di WhatsApp.

Per aggiungere un'immagine o un video come stato è possibile toccare il pulsante "Il mio stato" o toccare il pulsante della fotocamera nell'angolo in basso a destra. Da qui puoi selezionare un'immagine o un video dalla tua galleria e impostarlo come aggiornamento di stato. Puoi modificare l'immagine / video, aggiungere emoji, scrivere testo e persino scarabocchiarci sopra. Puoi anche utilizzare la casella "aggiungi didascalia" per aggiungere una didascalia all'aggiornamento dello stato. Per i video puoi convertire il video in una GIF facendo clic sul pulsante GIF nella parte superiore della schermata di modifica.

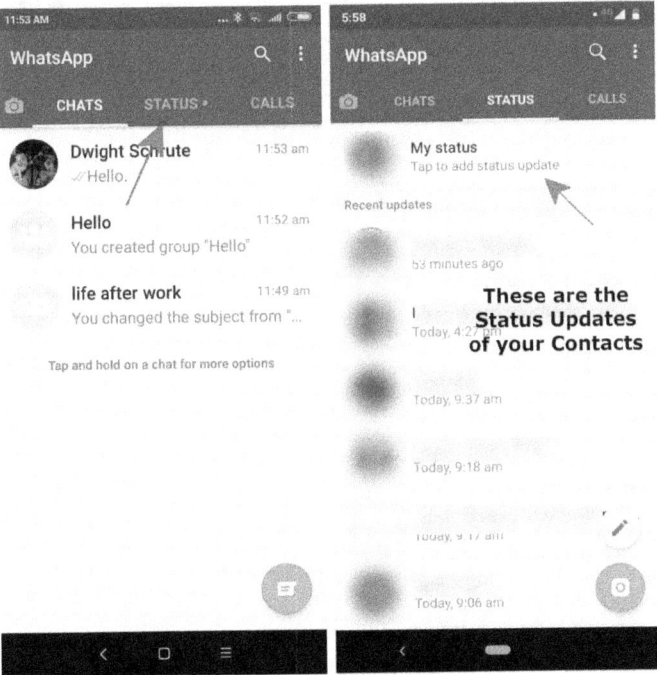

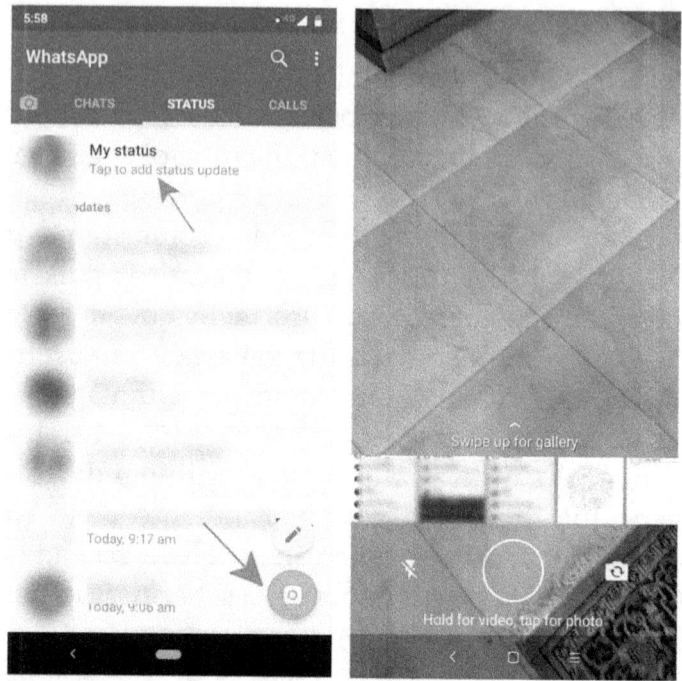

Per aggiungere solo testo al tuo aggiornamento di stato puoi selezionare il pulsante con la matita in basso a destra nella schermata Stato. Puoi cambiare il carattere del testo, puoi cambiare lo sfondo del testo e puoi anche aggiungere emoji all'aggiornamento dello stato del testo.

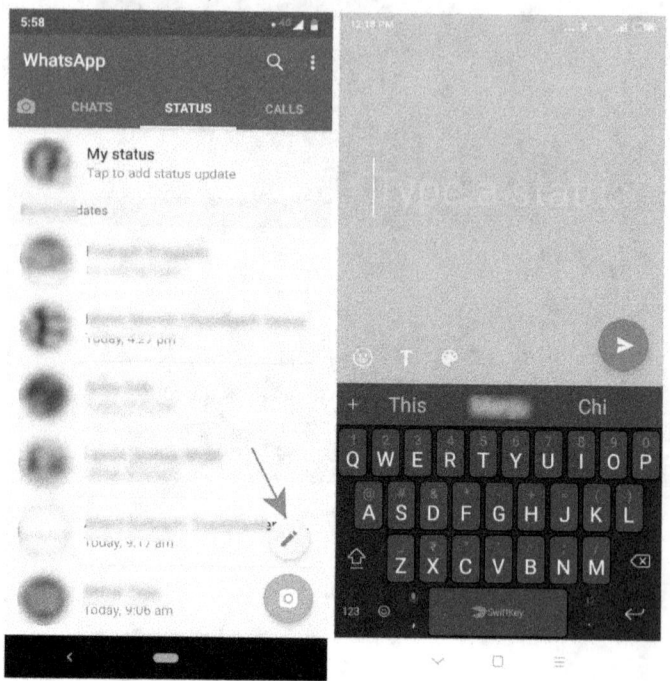

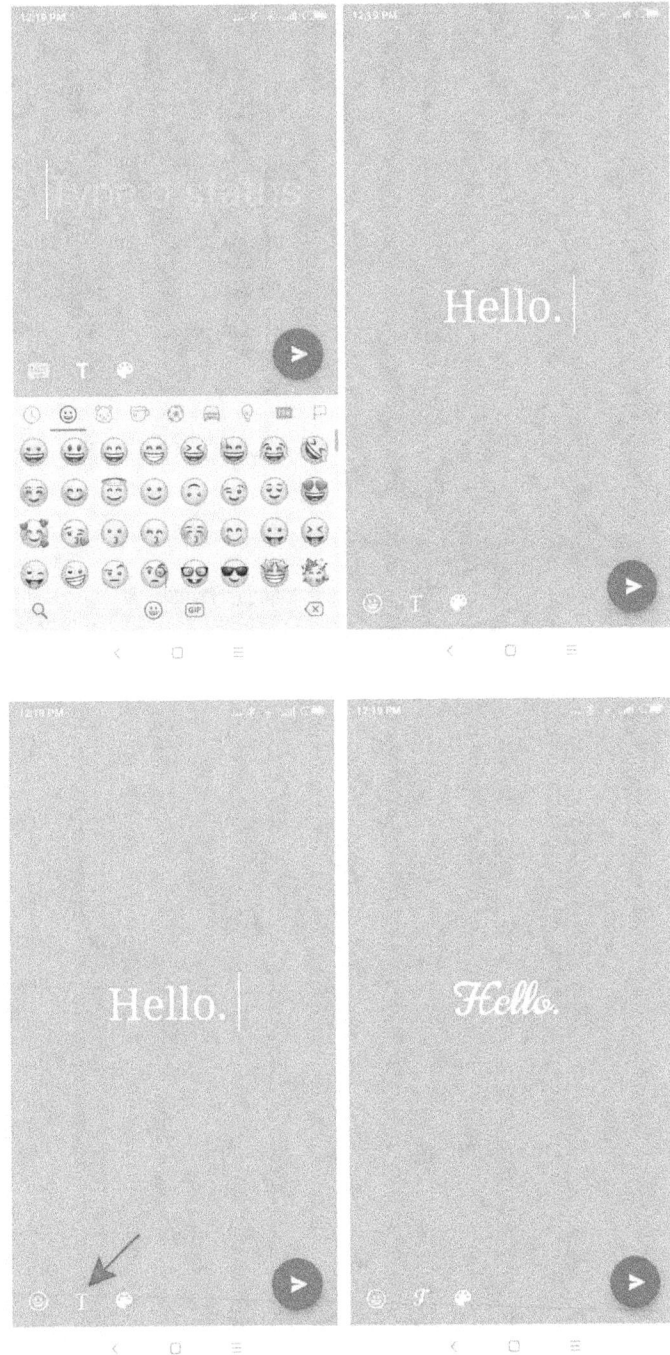

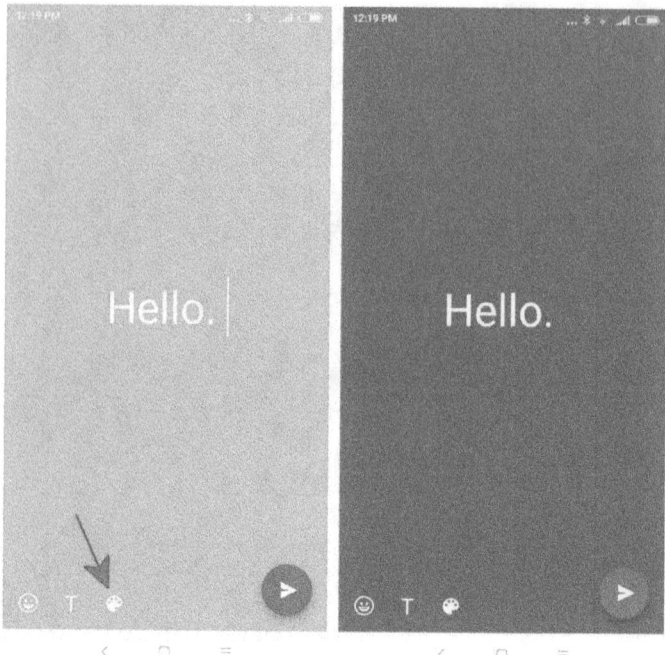

Una volta impostato lo stato di WhatsApp, puoi vedere chi ha visto il tuo stato facendo clic sull'icona a forma di occhio come mostrato di seguito.

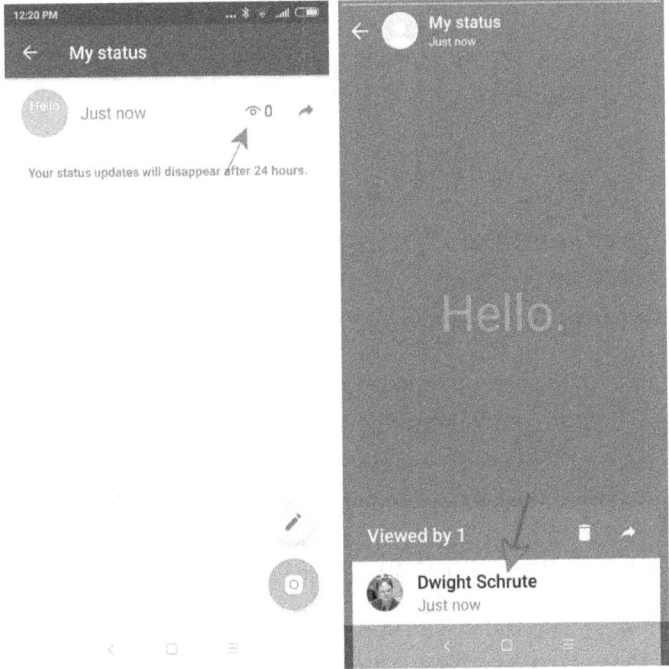

Ora non ti resta che tirare fuori il tuo Picasso interiore e mettere a frutto la tua creatività interiore!

OPZIONI SULLA PRIVACY

Il mio aggiornamento di stato è condiviso con TUTTI i miei contatti? !! Non voglio che il mio capo / zia ficcanaso / strano collega vedano il mio stato !! C'è qualcosa che posso fare?

Sì, il tuo stato è condiviso con tutti i tuoi contatti per impostazione predefinita, ma non preoccuparti, possiamo cambiarlo se lo desideri. Vediamo come si fa in modo che il tuo capo non sappia cosa stai facendo nei tuoi giorni di "malattia"

WhatsApp ha tre opzioni di privacy per gli aggiornamenti di stato:

1. Puoi condividere il tuo stato con tutti i tuoi contatti
2. Puoi condividere il tuo stato con tutti i tuoi contatti tranne alcuni contatti selezionati
3. È possibile condividere il proprio stato solo con i contatti selezionati

Fare clic su I miei contatti tranne e selezionare tutti i contatti con cui non si desidera condividere il proprio stato. Fare clic su Condividi solo con e selezionare tutti i contatti con cui si desidera condividere il proprio stato.

iPhone:

per modificare la privacy dell'aggiornamento dello stato sul tuo iPhone, fai clic sull'icona delle impostazioni in basso a destra dello schermo. Nella schermata delle impostazioni selezionare l'opzione "Account" e l'opzione "Privacy" dalla schermata

"Account". Qui fare clic su "Stato" per accedere alle opzioni sulla privacy dell'aggiornamento dello stato.

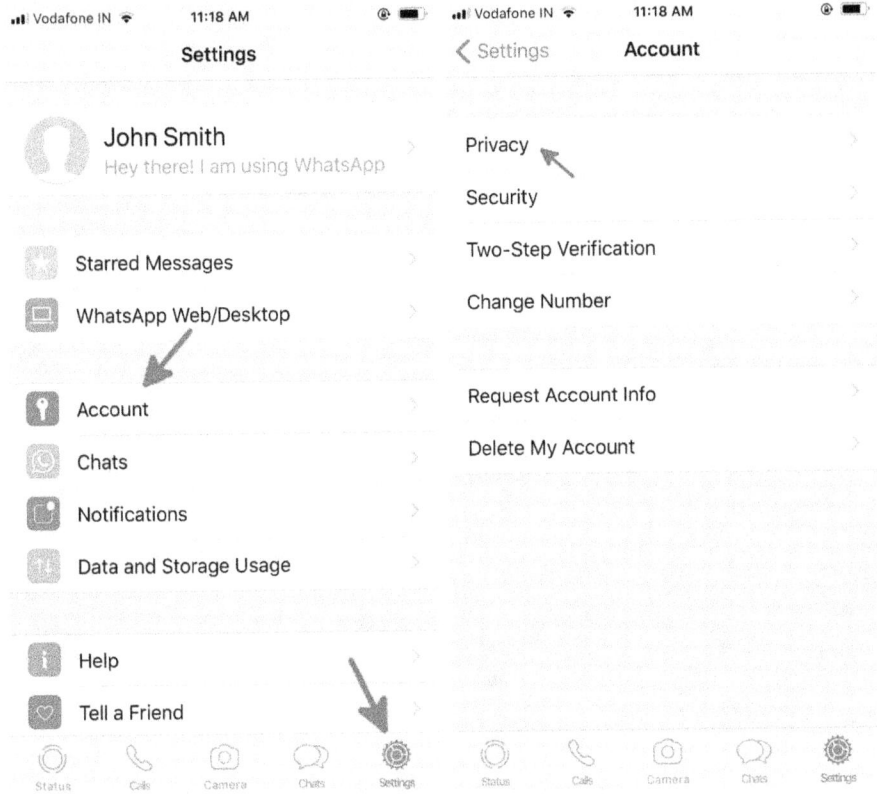

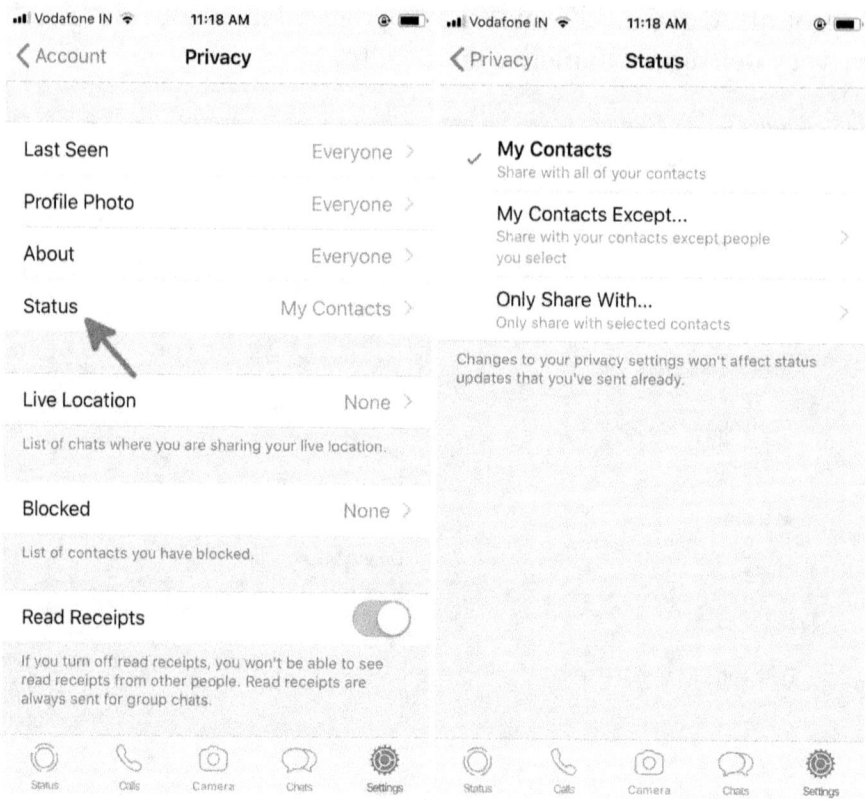

Android:

per modificare la privacy dell'aggiornamento dello stato sul tuo smartphone Android devi andare alla schermata Stato e fare clic sul pulsante con i 3 puntini in alto a destra e selezionare l'opzione Privacy dello stato.

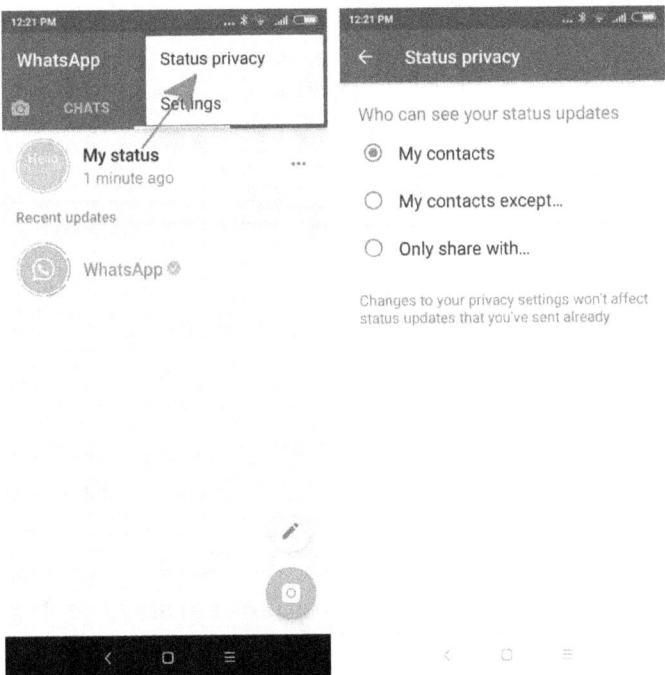

MUTE STATUS UPDATES

Phew! Il mio capo non può vedere i miei aggiornamenti di stato. Ora c'è un modo per ignorare gli aggiornamenti di stato del mio capo? Penso di passare già abbastanza tempo con lui / lei!

Sì!! C'è sicuramente un modo per impedirti di vedere gli aggiornamenti di stato del tuo capo ed è anche molto semplice da fare. Sul tuo telefono Android devi tenere premuto l'aggiornamento di stato sul contatto che desideri disattivare. Questo ti darà la possibilità di disattivare il tuo contatto. Sul tuo iPhone devi scorrere a sinistra sul contatto che desideri disattivare per rivelare il pulsante di disattivazione audio sulla destra e così non vedrai l'aggiornamento di stato del tuo capo.

Ora, se il tuo capo ti chiede se hai visto il suo aggiornamento di stato, preparati con una buona scusa!

COME FACCIO A VEDERE CHI HA VISTO TUTTI IL MIO STATO DI WHATSAPP?

Ok ora che ho selezionato a chi condividere tutto il mio stato, c'è un modo per sapere chi ha effettivamente visualizzato il mio stato?

Dopo aver pubblicato il tuo aggiornamento di stato, puoi vedere lo stato che hai pubblicato nella scheda Stato. Il tuo stato si trova nella parte superiore di questa pagina. Accanto a questo puoi vedere il numero di persone che hanno visualizzato lo stato e facendo clic su questo puoi scoprire le persone che hanno visualizzato il tuo stato.

Puoi scoprire chi ama le tue foto di cibo e parlare con loro del tuo amore reciproco per il cibo!

WHATSAPP WEB

Il tuo telefono a volte può essere molto fastidioso. Ricevi un messaggio WhatsApp e la prossima cosa che sai di aver guardato 2 ore di video di gatti su YouTube. Ora con WhatsApp Web puoi chattare su WhatsApp mantenendo la tua produttività al lavoro!

WhatsApp Web è molto semplice da installare. Tutto ciò di cui hai bisogno è un computer, una connessione Internet e un browser Internet come Chrome, Firefox, Safari, Edge o Internet Explorer.

Vai all'indirizzo web web.whatsapp.com sul browser Internet del tuo computer.

Sul tuo iPhone vai alla scheda delle impostazioni in basso a destra dello schermo e clicca sul pulsante WhatsApp Web. Sul tuo smartphone Android fai clic sul menu a 3 pulsanti e fai clic sul pulsante Web di WhatsApp.

Questo ti porterà a una schermata con la fotocamera attivata. Per abilitare WhatsApp Web devi andare a scansionare il codice QR che viene visualizzato sullo schermo del tuo computer dallo schermo della fotocamera del tuo telefono. Questo accoppia il tuo smartphone WhatsApp al tuo desktop WhatsApp.

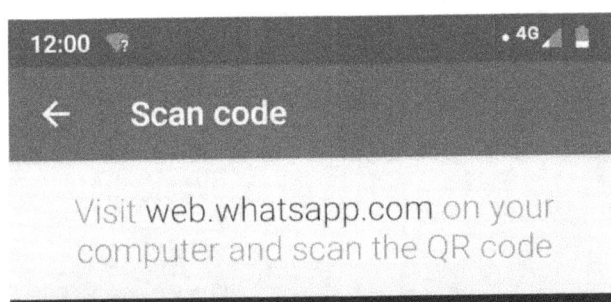

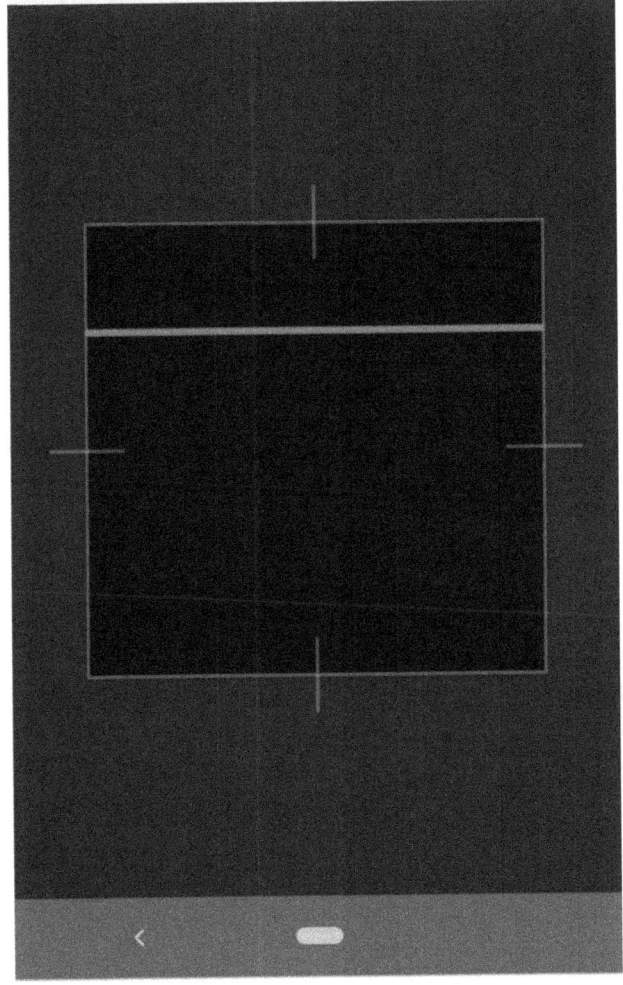

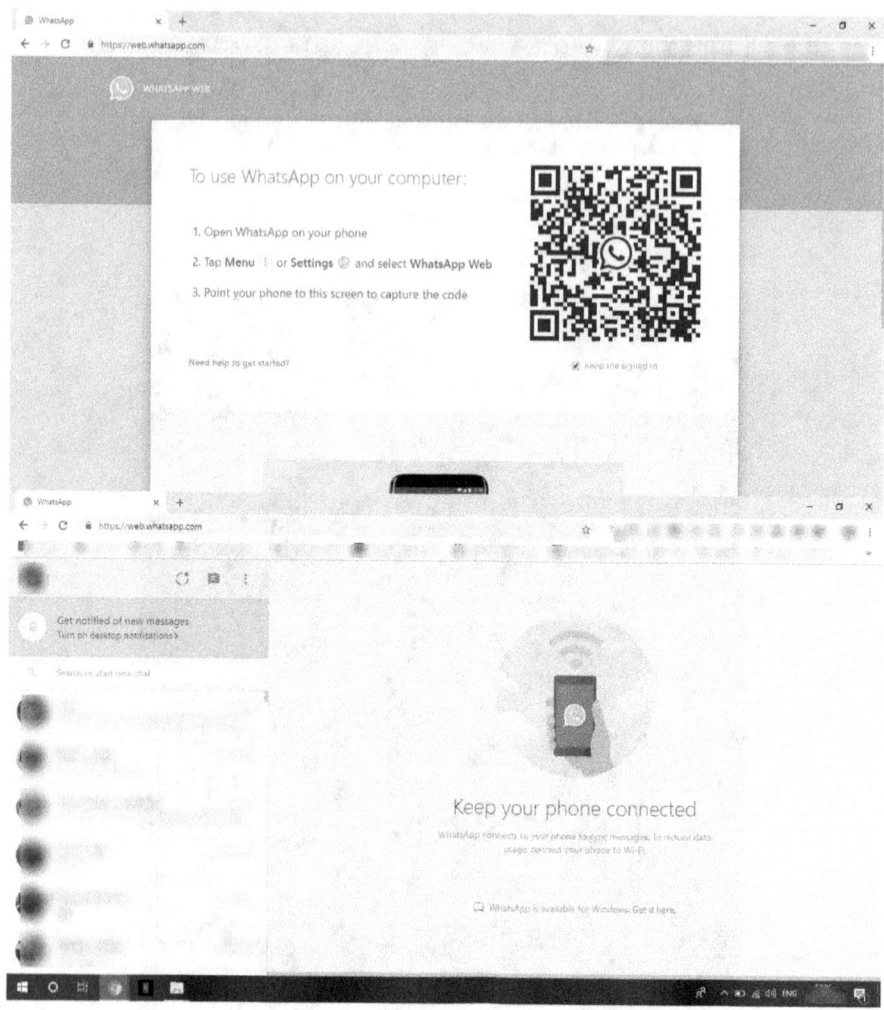

Una volta associato, WhatsApp Web verrà attivato e potrai chattare su WhatsApp, guardare gli aggiornamenti di stato e condividere foto, video e documenti proprio come faresti sul tuo telefono. Devi assicurarti che il tuo telefono abbia una batteria sufficiente e una connessione Internet affinché WhatsApp Web funzioni.

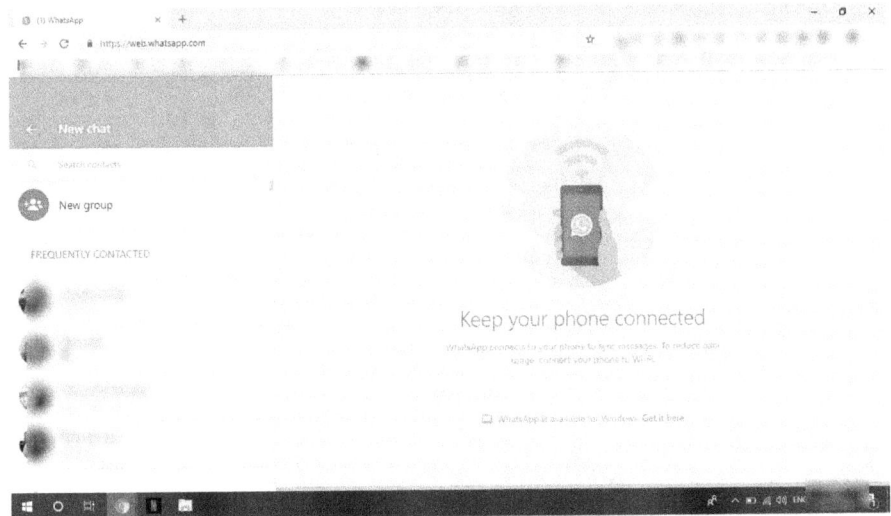

INVIA FOTO, VIDEO, DOCUMENTI E CONTATTI:

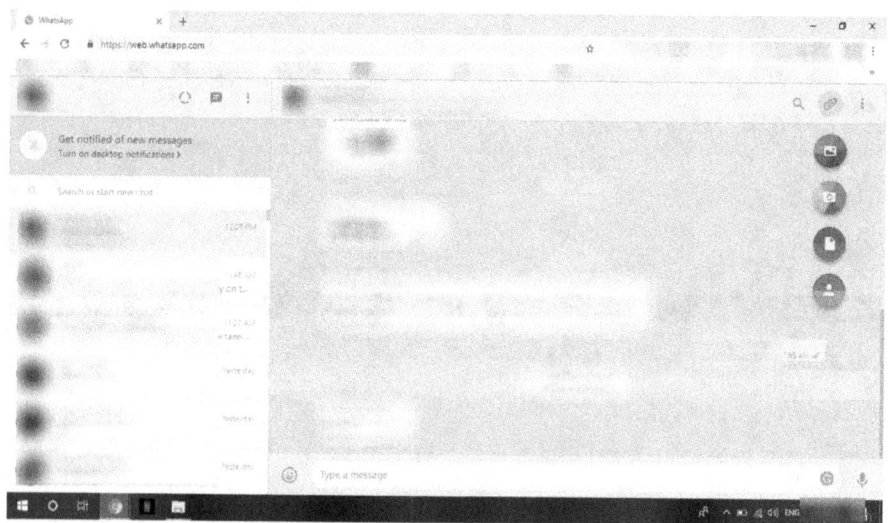

USA EMOJI, GIF E ADESIVI:AGGIUNGI A SPECIALI

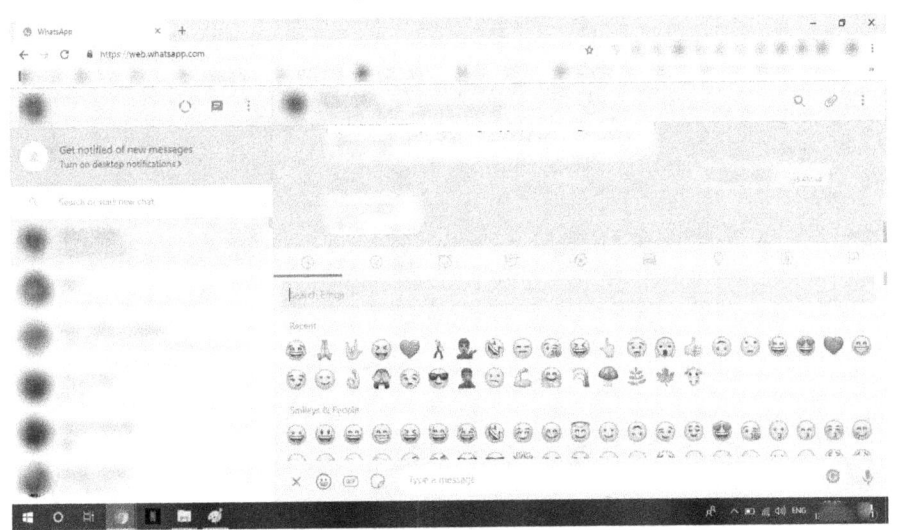

RISPONDI, INOLTRA,ED ELIMINA MESSAGGI:

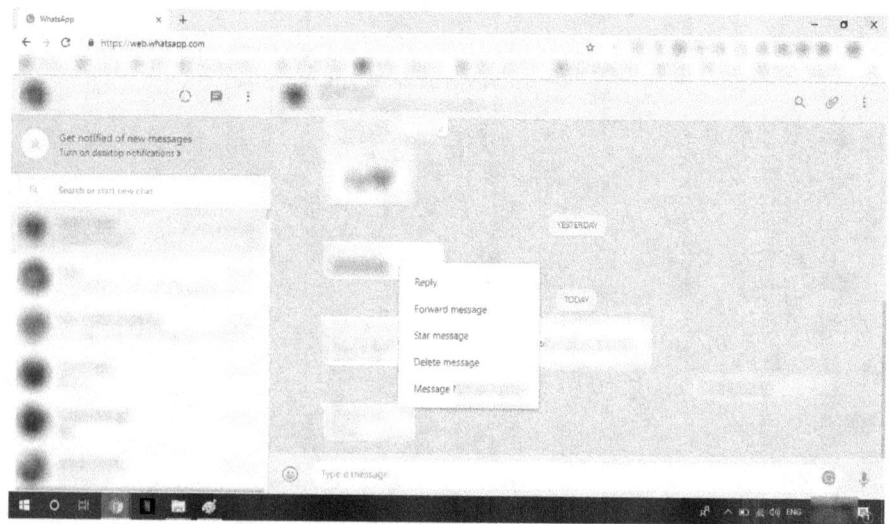

CERCA MESSAGGI:

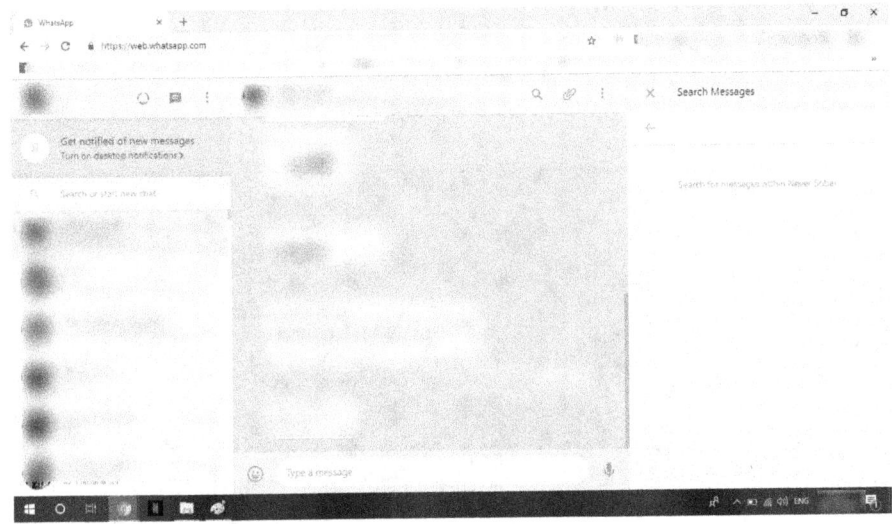

AGGIORNAMENTI
DI STATO:

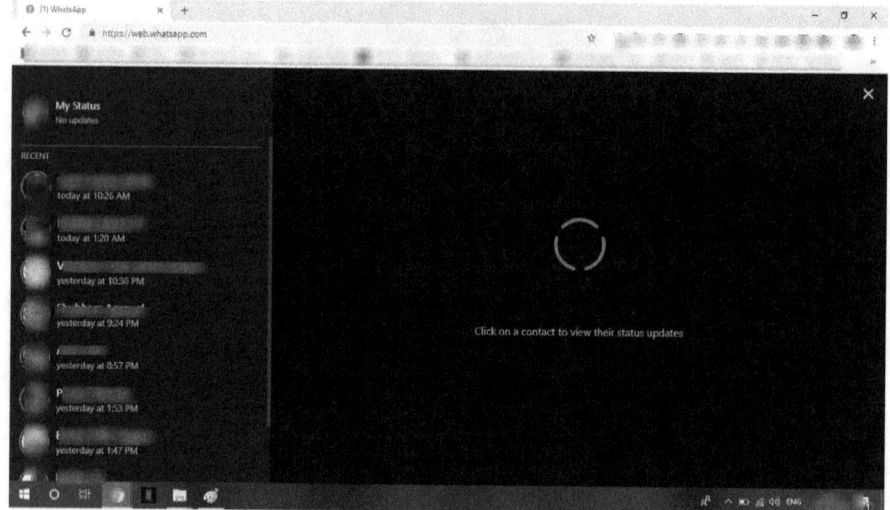

MODIFICA
IMPOSTAZIONI
DI NOTIFICA:

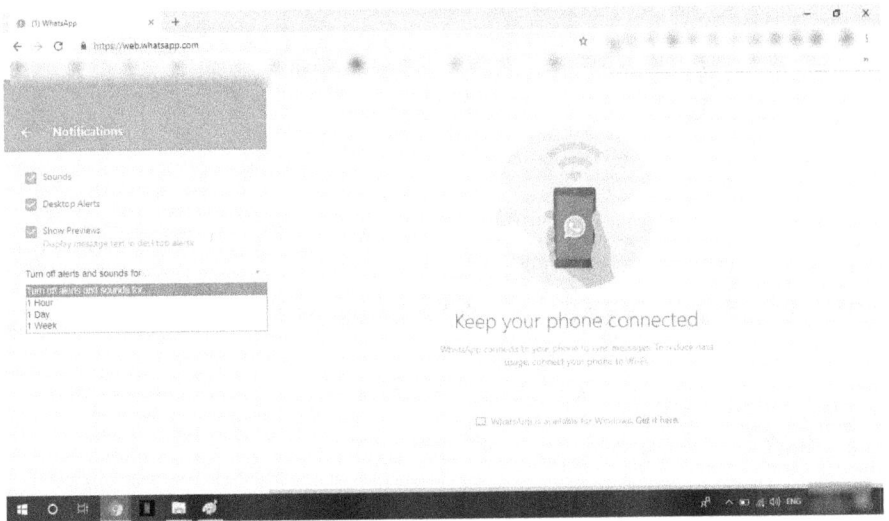

CONTATTI BLOCCATI:

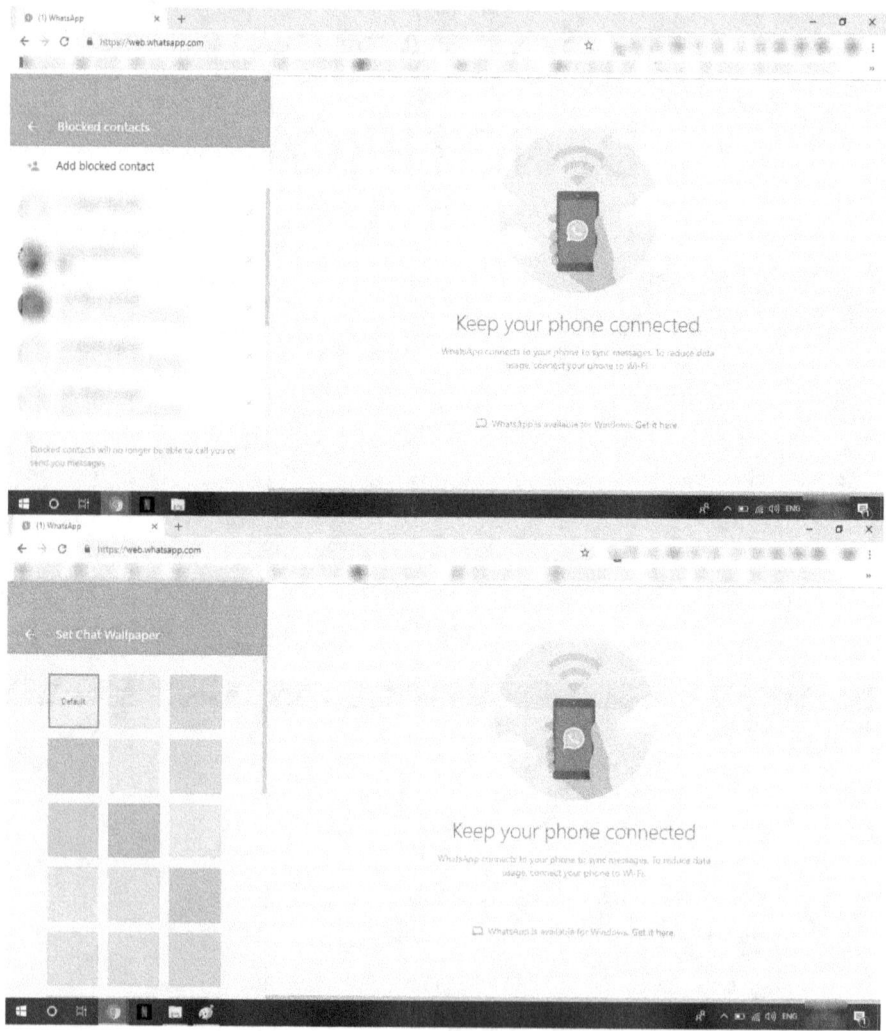

per disconnetterti da WhatsApp Web devi tornare indietro al menu WhatsApp Web sul tuo telefono e seleziona il dispositivo da cui vuoi disconnetterti o seleziona "Esci da tutti i dispositivi"

Congratulazioni !! Sei ufficialmente un maestro di WhatsApp Messenger !! Non pensi di essere un maestro? Non preoccuparti, hai sempre questo libro su cui tornare e imparare 😁😁